우리는 모두
그 레 타

발렌티나 잔넬라 글 | **마누엘라 마라찌** 그림 | **김지우** 옮김

우리는 모두
그 레 타

지구의 미래를 위해, 두려움에서 행동으로

생각의힘

차례

TEDx

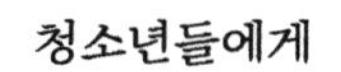
청소년들에게

일러두기

1. 인명과 지명 등 외래어는 외래어표기법을 따랐으나, 일부는 관례와 원어 발음을 존중해 그에 따랐다.
2. 모든 주는 옮긴이 주이며, 독자의 이해를 돕고자 본문 중에 부연 설명한 부분은 대괄호([])로 표시했다.

들어가며

2019년 3월 15일 금요일, 아이들 학교 채팅방이 새벽부터 부산하다. '#미래를위한금요일#FridayForFuture' 웹사이트에서 사용하는 알록달록한 지구 그림과 슬로건이 연달아 채팅방에 뜬다. 오늘은 열여섯 살의 환경 운동가이자 2019년 노벨 평화상 후보인 그레타 툰베리Greta Thunberg가 주도하고 전 세계 청소년들이 참석하는 '기후를 위한 글로벌 파업'의 날이다. 오늘 아침 홍콩은 그레타의 부름에 응답하는 수많은 이들의 외침과 함께 잠에서 깨어났다. 청소년들뿐만이 아니다. 그들의 할아버지, 할머니, 아버지, 어머니까지 집회 장소인 센트럴역으로 향하는 지하철을 기다리며 줄을 섰다.

"엄마, 기후 변화가 뭐예요?" 여덟 살배기 딸 아가타가 묻는다. 아이들은 궁금한 것이 많다. 당연하다. 그 아이들에게는 자신이 태어난 세계에서 무슨 일이 일어나는지 알아야 할 의무가 있지 않은가. 양 갈래 땋은 머리에 결연한 눈빛을 한 스웨덴 소녀 그레타 툰베리는 어른들과 또래 친구들이 지구의 미래에 관심을 갖도록 만들었고, 그 후 청소년들의 머릿속에는 수많은 질문이 떠오르기 시작했다. 지구 온난화며 온실 효과며 화석 연료는 무엇이고, 또 생물 다양성과 지속 가능한 성장은 무엇을 의미하는가. 지구의 변화를 연구하는 이들은 어떤 사람들이며, 어떤 출처에서 제공된 자료가 믿을 만한가. 그리고 무엇보다도 기후 변화를 막기 위해 우리는 무엇을 해야 하는가.

첫 번째 기후 파업을 앞두고 학생들은 직접 정보 수집에 나선다. 이들은 웹사이트를 검색하고 과학저널 기사를 읽고 교사들에게 질문을 던진다. 급기야는 학부모들까지 총동원되기에 이른다. 부모들은 기후 변화 문제와 관련된 다양한 문헌을 열심히 읽고 이해하기 쉽게 요약해서 아이들에게 나누어 준다. 언론에 공개된 파편적인 정보나 전문 용어가 난무하는 자료를 정리하는 작업은 쉽지 않았지만, 그들은 그 힘든 일을 해내고야 만다. 이어서 학생과 학부모들은 각종 정보와 질의응답을 주고받는 채팅방을 중심으로 집결한다. 3월 15일 파업 당일, 길거리에 서서 미심쩍은 눈빛으로 자신들을 지켜보는 어른들보다 적어도 환경 문제에 대해서만큼은 훨씬 더 많은 것을 알게 된 학생들은 즐겁게 노래를 부르며 시청을 향해 행진했다.

홍콩에서는 "또 다른 지구는 없다There is no Planet B"라는 문구가 쓰인 손 팻말을 들고 기후 파업에 참석한 학생들도 있었다. 홍콩만이 아니었다. 같은 날 기후 파업이 열린 전 세계 수많은 도시에서 똑같은 문구가 등장했다. 우리가 지금 당장 행동에 나서야 하는 이유는 간단하다. 지구는 하나뿐이기 때문이다.

수많은 손 팻말 중에서 내 시선을 사로잡은 문구는 "내 이름은 그레타My name is Greta"였다. 그 손 팻말은 까만 머리를 땋아 내린 한 소녀의 손에 들려 있었는데, 그녀의 시선은 동갑내기 스웨덴 소녀의 시선처럼 단호하다 못해 결연해 보였다. 그 소녀뿐만이 아니었다. 과학자들이 지난 수십 년간 입이 닳도록 반복해 온 말을 제대로 이해한 뒤 이제 더는 허비할 시간이 없다는 사실을 깨닫고 그날 광장으로 나오기로 결심한 모두가 다 그레타였다.

"내 이름은 그레타"는 "나는 샤를리다Je suis Charlie"로 시작된 SNS 현상과는 다르다. 이 운동은 연대감이나 친밀감에서 시작되지 않았다. 기존에 없던 새로운 전 지구적 정체성new global identity을 만들려는 의지에서 시작됐다. 한 용감한 소녀가 젊은 세대의 양심을 깨워서 이를 구체적이고 실질적인 것으로 만들었고, 그 덕분에 수많은 청소년들이 과학과 존중과 지구 균형이라는 보편적인 원칙을 공유하게 되었다.

《우리는 모두 그레타》는 바로 이들을 위한 책이다. 이 책은 권위 있는 출처를 활용하여 기후 변화와 관련된 주요 개념을 알기 쉬우면서도 과학적인 설명으로 풀어냈다. 시간이 흐를수록 청소년들은 더욱더 빈번하게 우리가 살고 있는 지구의 상태에 대해 직설적이고 절박한 질문을 던질 것이다. 이 책은 이들의 질문에 대답해야 할 어른들을 비롯한 우리 모두를 위한 책이다.

"지구 온난화가

이미 시작되었다는 것은 명백한 사실이다.

1950년대 이후 나타난

대부분의 기후 변화 현상은

지난 인류의 역사에서

한 번도 모습을 드러낸 적이 없다."

"20세기 중반 이후 관찰된
온난화 현상의 주요인이
인간 활동인 것은
거의 기정사실이다."

기후 변화에 관한 정부 간 협의체IPCC•의 제5차 보고서(5조).
IPCC는 기후 변화와 관련해 가장 권위 있는 국제기구다.

• Intergovernmental Panel on Climate Change. 기후 변화와 관련된 전 지구적 위험을 평가하고 국제적 대책을 마련하기 위해 세계기상기구와 유엔환경계획이 1988년에 공동으로 설립한 유엔 산하 정부 간 협의체다. 본부는 스위스 제네바에 있으며 세계 각국의 기상학자, 해양학자, 빙하 전문가, 경제학자 등 3,000여 명의 전문가가 활동하고 있다. IPCC의 주된 활동 중 하나는 유엔기후변화협약(UNFCCC)과 교토의정서의 이행과 관련해 특별 보고서를 작성하는 일이다. 1990년 이후 네 차례에 걸쳐 발표된 특별 보고서는 인간의 활동에 의한 공해 물질이 기후 변화에 어떤 영향을 끼치는지 과학적·기술적·사회경제적으로 분석하고 있다. 기후 변화 문제의 해결을 위한 노력이 인정되어 2007년 노벨 평화상을 수상하였다. (출처: https://kaccc.kei.re.kr/)

지구의 온도가 상승하고 있다는 사실을 아무도 부정할 수 없다

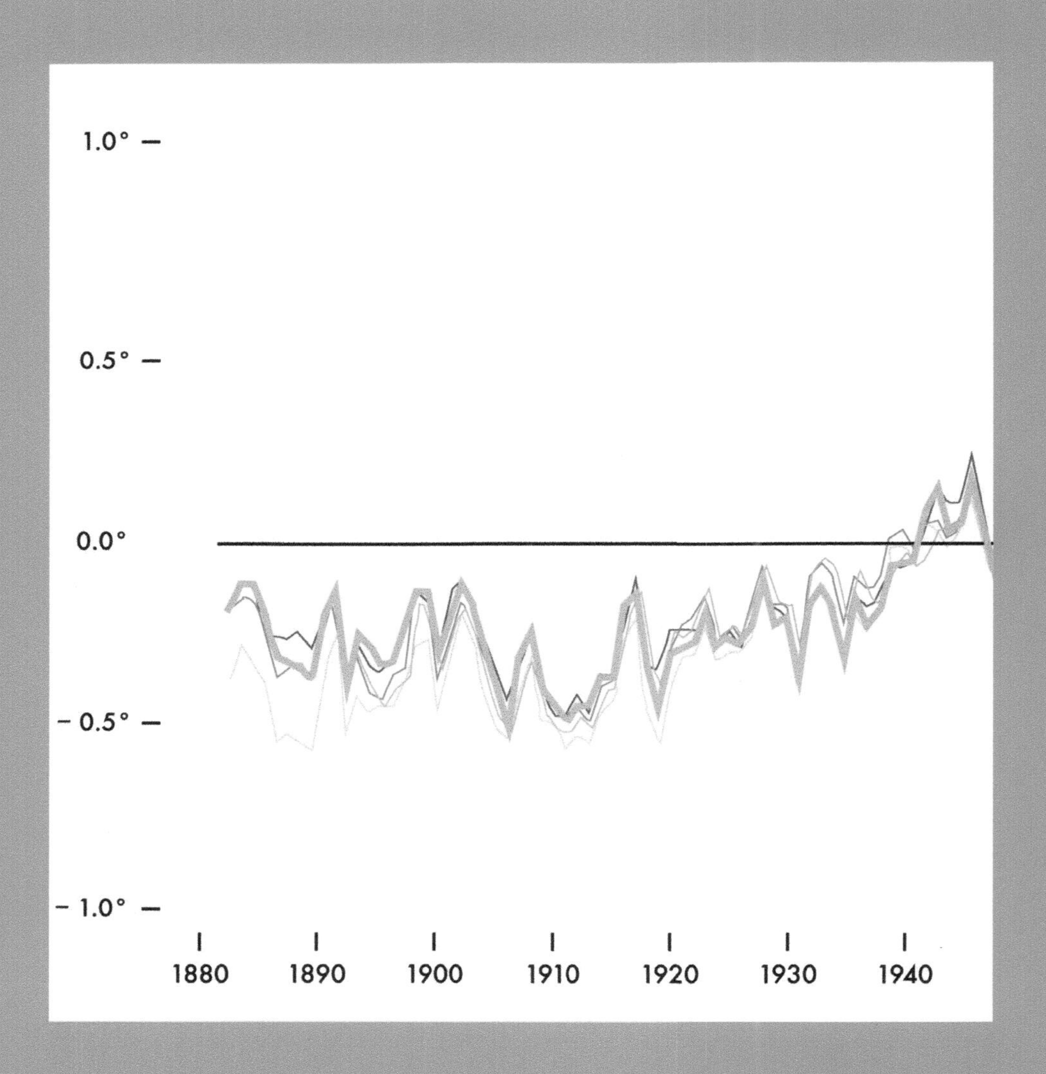

미국 항공우주국NASA, 미국 국립해양대기국NOAA, 일본 기상청Japan Meteorological Agency, 버클리 지구연구소Berkeley Earth Research Group, 영국 기상청 해들리센터Met Office Hadley Center에서 수집한 데이터를 바탕으로 1880년부터 2018년까지 관찰된 지구 온도의 변화를 1951년에서 1980년까지의 지구 평균 온도와 비교해서 나타낸 그래프이다. 그래프의 모든 선이 지난 수십 년 동안 지구의 온도가 현저히 상승했다는 사실을 나타내고 있다. 특히 최근 10년 동안 지구는 역사상 가장 높은 온도를 기록했다.

출처: NASA 지구관측소Earth Observatory

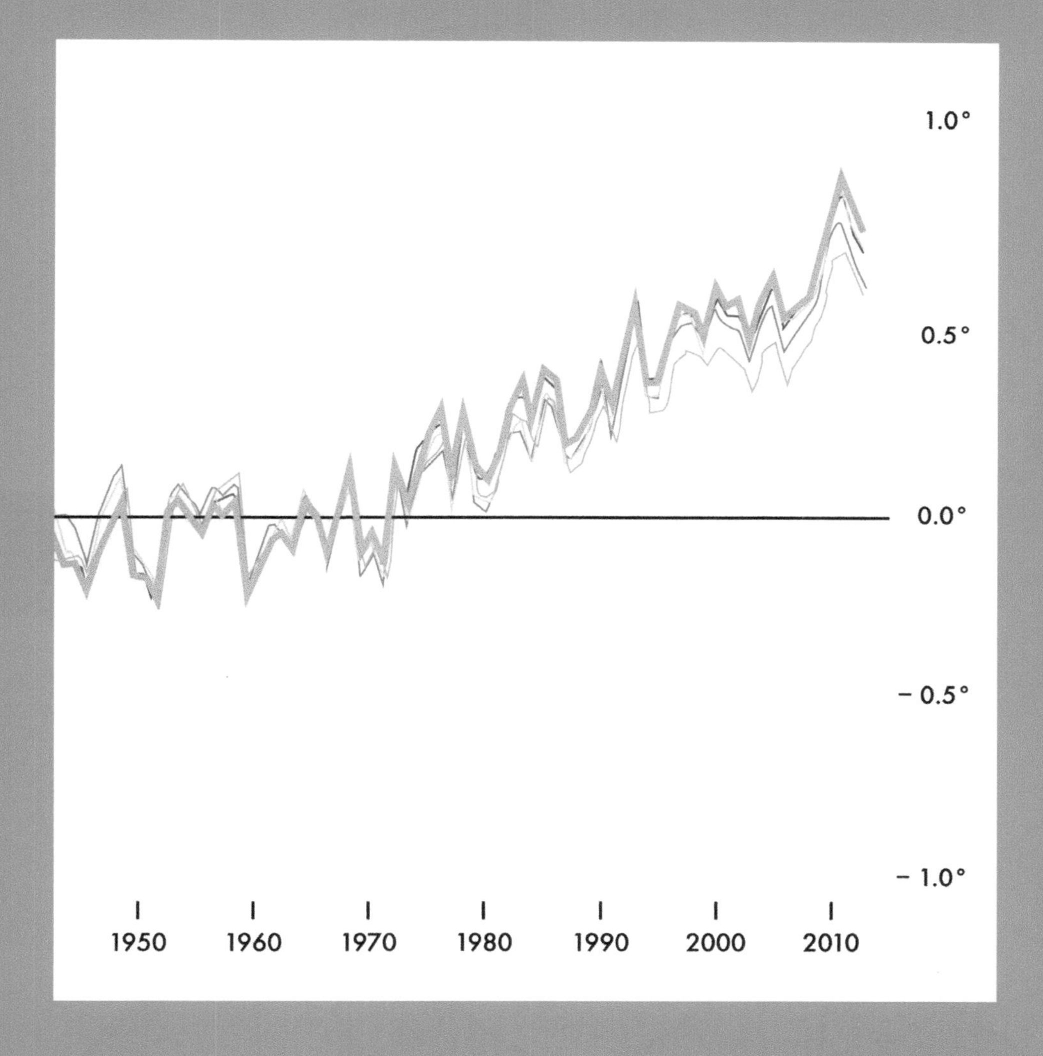

NASA 고다드 우주연구소
미국 국립해양대기국 기후데이터센터
버클리 지구연구소
영국 기상청 해들리센터
일본 기상청

1장

내 이름은 그레타

지구의 미래를 위해, 두려움에서 행동으로

2018년 8월 20일 스웨덴 스톡홀름. 그레타는 또래 아이들처럼 아침 식사를 마친 뒤 신발 끈을 묶고 집을 나설 채비를 한다. 하지만 그날 아침의 행보는 평소와 다르다. 그레타는 학교에 가지 않을 것이다. 그날부터 그레타의 세계는 달라질 것이고, 그런 그녀와 함께 우리를 둘러싼 세계도 달라질 것이다.

그레타 툰베리는 2003년 1월 3일생이다. 그레타의 어머니 말레나Malena는 성악가이자 작가로 활동하는 유명인사이고, 아버지 스반테Svante는 배우다. 툰베리 가문에 스반테라는 이름을 가진 또 한 명의 유명인사가 있었으니 그가 바로 스반테 아레니우스Svante Arrhenius다. 스반테 아레니우스는 1903년 노벨 화학상 수상자이자 이산화 탄소 배출량과 지구 온도의 연관성을 증명한 최초의 과학자이다. 물리학과 화학을 넘나드는 그의 연구는 1960년 지구 온난화 초기 연구의 기초가 되었다. 문화계와 과학계의 유명인사들을 배출한 가문. 하지만 그레타의 삶은 예상과는 전혀 다른 방식으로 전개된다.

그레타는 호기심이 많은 아이였다. 여덟 살의 그레타는 엄마와 아빠가 대체 왜 사소한 일에 집착하는지 궁금했다. 예컨대 전깃불을 끈다거나 양치질을 할 때 수도꼭지를 잠근다거나 음식물을 남기지 않는 일들 말이다. 그래서 그 이유를 알아보기로 마음먹고 책을 읽고 자료를 찾기 시작한다. 그 과정을 통해 그레타는 기후 변화란 무엇이고, 그것이 우리가 살고 있는 지구라는 행성의 건강에 어떠한 영향을 미치는지 알게 된다. 그레타는 근심에 잠긴다. 처음에는 남들처럼 관심을 다른 곳으로 돌리려고도 해 보았다. 하지만 남들과는 다른 방식으로 사물을 바라봤던 그레타는 걱정에서 헤어 나오지 못했다.

“어째서 화석 연료가 해롭다는 것을 알면서도 계속 사용하는 거죠?”

과학자의 피를 물려받은 그레타는 자신을 지지해 주는 부모님의 도움을 받아 기후 변화에 대해 최대한 많이 이해하기 위해 애쓴다. 그레타는 닥치는 대로 책을 읽었다. 그런데 그 속에서 얻은 지식을 완전히 소화해 내기에는 아직 어렸던 그녀의 머릿속에 수많은 정보가 독소처럼 쌓였고, 결국 열한 살 소녀는 우울증에 걸리고 만다. 식음을 전폐하는 바람에 불과 두 달 만에 체중이 10킬로그램이나 줄고 실어증까지 앓는다. 부모님의 손에 이끌려 병원을 방문한 그레타에게 의사들은 아스퍼거 증후군과 선택적 함구증이라는 진단을 내린다. 아스퍼거 증후군은 경미한 형태의 자폐증으로 언어 및 인지 발달과는 상관이 없지만 특정한 주제에 대해 지나칠 정도로 관심을 나타내고 자신의 생각을 행동으로 옮기는 데 있어서 [다른 사회 구성원들이 거부감을 가질 만한 행동이나 절차를 의식적, 혹은 무의식적으로 제한하거나 제약하는] 사회적 억제력이 부족하다. 선택적 함구증은 관심을 가진 특정한 주제에 대해서 이야기를 하거나 아주 가까운 사람들과 대화를 나눌 때 외에는 말을 하지 않는 증상을 가리킨다. 그레타는 지구의 미래를 논할 때만 청산유수가 됐다. 환경 문제를 이야기할 때면 반짝이는 눈빛으로 논리 정연하게 완벽한 주장을 펼쳤다.

"우리 자신과 우리의 자녀들과 우리의 자손을 구하기 위해, 현재 우리는 무엇을 하고 있나요?"

그레타의 부모님은 이 질문이야말로 딸을 도울 수 있는 유일한 열쇠라는 사실을 깨닫고 그녀에게 자신들과 다른 사람들을 위해 더 자세히 설명해 달라고 요청한다. 그레타의 이야기를 주의 깊게 들은 부모님은 딸의 주장을 받아들인다. 그레타의 어머니는 비행기를 타지 않기 위해 해외 공연을 포기하고 아버지는 전기차를 구매한다. 그뿐만이 아니다. 가족 모두가 육식을 하지 않기로 한다. 자신이 변화를 일으킬 수 있다는 사실을 깨닫자 그레타는 스스로 크고 강한 사람이 된 것처럼 느꼈다.

"우리는 현재 인류가 얼마나 위험한 상황에 처했으며 이 시점에서 무엇을 해야 하는지 알 정도로 과학이 발달한 시대에 살고 있습니다. 더는 이런저런 핑계를 대면서 허비할 시간이 없어요."

8월 20일 아침, 그레타는 학교에 가는 대신 피켓 하나를 팔에 끼고 스웨덴 국회의사당 앞 인도에 자리를 잡는다. 피켓에는 '기후를 위한 등교 거부'라는 짧은 문구가 적혀 있었다.

2018년 여름 스웨덴은 35도라는 기록적인 고온을 기록했다. 이상 고온으로 여기저기에서 화재가 발생하는 바람에 다른 유럽 국가들이 소방용 헬기를 보내 화재 진압을 도와야 했다. 그해 9월 9일에는 선거가 예정되어 있었다. 선거를 앞두고 그레타는 아무도 나서지 않는다면 자기라도 나서야겠다고 결심한다. 그레타는 20일 동안 하루도 빠짐없이 국회의사당 앞으로 등교했고 사람들은 그녀에게 관심을 가지기 시작했다. 가장 먼저 그레타에게 주목한 이는 교사들이었다. 그들의 반응은 둘로 나뉘었다. 일부 교사들은 그레타의 행동을 좋지 않게 생각했지만, 일부는 아예 옆에 자리를 잡고 앉아 그녀의 행동에 동참했다. 이어서 다양한 연령대의 시민과 환경 운동가들이 그레타의 행동에 주목했고 언론에서도 관심을 갖기 시작했다. 결국 그레타의 이야기는 트위터와 페이스북을 통해 전 세계에 알려졌고, 불과 2주 만에 '#기후를위한등교거부#SchoolStrikeForClimate'는 세계적인 관심사로 떠올랐다.

MY NAME IS GRETA
LIKE THE SEA we also RISE

2장

변화를 위한 준비

#미래를위한금요일과 새로운 녹색 국가

"지금 우리에게 필요한 것은 희망이 아니라 행동입니다. 행동에 나서야만 다시 희망이 찾아오기 때문이죠."

2018년 11월. 홀로 국회의사당 앞에 자리 잡고 앉았던 8월의 아침 이후 3개월이 지났을 때 그레타는 '테드 스톡홀름TEDxStockholm'의 강연장에 서게 된다. 열다섯 살 스웨덴 소녀는 파란 운동복 지퍼를 턱 아래까지 올린 채 11분 동안 환경 문제에 대한 중요한 메시지를 전했고, 그녀의 목소리는 수백만 명의 SNS 사용자들에게 퍼져 나갔다. 그날 강연의 핵심 메시지는 우리가 함께 힘을 합쳐야 한다는 것이었다.

"지금 당장 변화가 시작되도록, 매주 금요일 의회 앞에 모입시다."

환경 문제에 대한 해결책을 찾기 위해서라도 학교에 가서 공부하라고 말하는 사람들에게 그레타는 이렇게 대답한다.

"과학은 이미 우리가 나아가야 할 길을 알려 주었어요. 우리는 모든 사실과 해결책을 갖고 있지요. 지금 우리가 해야 할 일은 정신 차리고 행동에 나서는 것뿐입니다. 미래가 사라질지도 모르는데 학교에 가서 공부를 하는 것이 무슨 소용인가요?"

자신의 첫 테드 강연에서 그레타는 이렇게 말했다. 테드는 새로운 사상과 의견의 전파를 위한 국제적인 강연 콘텐츠 플랫폼이다.

"어떤 사람들은 우리가 하는 일을 하찮게 여깁니다. 하지만 아이들 몇 명이 단지 등교를 거부하는 것만으로도 전 세계 신문의 헤드라인을 장식했는데, 우리 모두 함께 행동에 나선다면 얼마나 많은 일을 이루어 낼 수 있을지 상상해 보세요."

강연이 끝난 후 새로운 녹색 국가Green Nation가 공식적으로 탄생한다. 많은 학생들이 그레타의 제안을 진지하게 받아들였고, 그 결과 전 세계 270개국에서 '#미래를위한금요일'을 준비하는 위원회가 조직된다. 이들은 인터넷을 통해 자료와 정보를 공유하고 슬로건과 요구 사항을 정했다. 그리고 2019년 1월 23일, 그레타는 이들의 리더로서 스위스 다보스에서 열리는 세계경제포럼에 참석한다.

"저는 여러분이 공포심을 느끼기를 바랍니다. 제가 매일같이 겪고 있는 것과 똑같은 공포심을요."

세계 정상들 앞에서 연설하는 그레타의 표정에서 두려움은 찾아볼 수 없었다. 청중은 그레타의 말에 귀를 기울였다. 그들 중 일부는 부끄러워하면서 그레타의 말을 받아 적기도 했다. 그레타의 침착하고 권위 있는 태도에 마음을 빼앗긴 크리스틴 라가르드Christine Lagarde 국제통화기금IMF 총재는 트위터에 다음과 같은 메시지를 남겼다.

"청소년 여러분, 어른들이 올바른 일을 할 수 있도록 계속해서 부담을 주시기 바랍니다."

최초의 글로벌 기후 파업이 있었던 3월 15일 금요일, 1,700여 개 도시에서 160만 명에 이르는 학생들이 거리로 나섰다. 전 세계 곳곳에서 진행된 시위를 담은 사진들은 그레타의 페이스북과 트위터와 인스타그램 타임라인을 장식했다. 학생들은 학교에서만이 아니라 방과 후에도 시위를 준비했다. 그들이 주로 참고한 자료가 바로 IPCC에서 발간한 최신 보고서의 요약본이다. 보고서는 지구 기온 상승을 1.5도 이내로 제한하면 온난화에 의한 치명적인 피해는 막을 수 있다고 말한다. 물론 100퍼센트 확신할 수는 없지만 말이다.

2011년 마일로 크레스Milo Cress라는 아홉 살짜리 미국 소년이 플라스틱 빨대 사용을 반대하는 온라인 캠페인을 벌인 적이 있다. 소비자들의 요구에 결국 스타벅스와 맥도날드 같은 대기업마저도 한 발짝 물러서야 했다. 멸종 위기 동물의 식용 사용을 반대하는 운동도 마찬가지다.

예를 들면 최근 6년간 상어지느러미 수요가 급락했는데 여기에는 홍콩 학생들이 벌인 반대 캠페인의 영향도 컸다. 그레타는 이렇게 말한다.

"우리가 하는 일은 소소하지만 의미가 있습니다. 모두가 함께한다면 더 큰 결과를 얻을 수 있겠죠."

녹색 국가 설립에 가장 중요한 단어는 '책임감'이다. 이는 정치인들의 책임감만을 의미하지 않는다. 물론 그들은 당장 대중이 반기지 않을 조치를 취해야 한다는 무거운 부담을 지고 있다. 하지만 녹색 국가에서는 무엇보다도 시민 개개인의 책임감이 중요하다. 지구 온난화 문제에 적극적으로 참여해서 두려움을 변화를 촉구하는 캠페인으로 바꾸어 놓은 그레타의 이야기는 우리에게 아주 분명한 메시지를 던진다.

기후 변화를 막기 위한 일반적인 '#기후행동#ClimateAction'이 '#나의기후행동#MyClimateAction'이 된 것이다. 이러한 현상은 과거 IPCC 이회성 의장이 던진 질문에 대한 대답처럼 보인다.

"지구 기온 상승을 1.5도 이내로 억제하는 것은 충분히 실현 가능한 일입니다. 우리는 필요한 기술력을 이미 확보했습니다. 문제는 '과연 시민들이 이러한 목표를 달성하기 위해 정치인들이 취할 여러 조치를 감내할 준비가 되었는가'입니다."

이 질문에 대한 청소년들의 대답은 다음과 같다.

"네, 우리는 준비가 되었어요."

3장

과학

청소년과 과학자를 연결하는 가치

대중의 양심을 자극하면 여론이 반응한다. 보통은 긍정적으로 반응하는데, 사안에 대한 관심도가 높아지고 행동에 나서야 한다는 사람들의 의지가 강해지기 때문이다. 하지만 부정적인 반응도 나타날 수 있다. 2019년 3월 15일 금요일, 첫 번째 기후 파업이 끝나고 노란색 우비를 입은 그레타와 광장을 가득 메운 학생들의 사진이 세계 주요 언론 매체의 헤드라인을 장식하자 많은 사람들이 이 사건의 배후에 과연 누가 있는지 묻기 시작했다. 놀랍게도 그레타의 배후에는 과학이 있었다. 그것도 30년 동안이나 축적된 과학 말이다.

1987년 유엔 회원국들은 도대체 지구에 무슨 일이 일어나고 있는지 이해할 필요가 있다는 데 동의한다(지구환경 문제가 국제적인 관심사로 부상한 결정적인 계기가 된 회의는 1972년 스톡홀름에서 개최된 유엔인간환경회의United Nation Conference on the Human Environment였다). 세계 경제의 기반은 화석 연료다. 화석 연료는 지하에 파묻힌 유기체의 유해가 수백만 년에 걸쳐 화석화하여 만들어진 연료로서 석유, 석탄, 천연가스 등을 가리킨다. 화석 연료를 태우면 대기권 안에 갇혀 배출되지 않는 잔여물이 생기는데 그중 하나가 바로 이산화 탄소다. 이산화 탄소는 태양열을 대기권 안으로 끌어들이고 지구 복사열을 대기권 밖으로 배출되지 않게 해서 대기권 내 기온과 지열을 상승시키는 독특한 특성이 있다. 1824년 프랑스의 물리학자이자 수학자인 조제프 푸리에Joseph Fourier가 발견한 이러한 원리를 우리는 온실 효과라 부른다. 1900년대 초, 노벨 화학상 수상자이자 그레타의 할아버지이기도 한 스반테 아레니우스는 대기에서 이산화 탄소가 증가할 때 나타나는 현상에 대해 연구하기 시작한다. 그리고 그 결과 이산화 탄소가 증가하면 지구의 온도도 함께 상승한다는 결론에 도달한다. 과학은 이미 100년도 넘는 먼 과거에 지구 온난화를 예측했다.

1980년대 말 세계기상기구WMO, World Meteorological Organization와 유엔은 IPCC를 설립한다. IPCC의 설립 목적은 지구의 기후 변화를 감시하고 연구해서 5년에서 6년 주기로 기후 변화 실태를 점검하는 것이었다. IPCC는 '인간의 행동이 야기한 기후 변화의 위험성을 과학적으로 이해하는 것'을 과제로 삼고 있다. IPCC는 연구 기관은 아니지만, 다양한 연구 결과를 분석하고 관련된 여러 변수와 오류 가능성을 교차 점검해서 사실과 가장 근접한 보고서를 작성한다. 이를 위해 선진국과 개발 도상국을 망라한 전 세계 80개국에서 2,000여 명의 전문가들이 정기적으로 모임을 가지며 15만 건에 달하는 환경 관련 리뷰와 논평을 작성한다. '더블 체크'라는 용어가 있는데, 중요한 일에서 실수를 방지하기 위해 결과를 재확인하는 과정을 말한다. 그런 재확인 과정을 15만 번이나 거친다고 생각해 보자. IPCC 보고서는 이렇게 작성되었기에 그만큼 권위 있고 신뢰할 수 있는 것이다.

그레타는 강연에서 IPCC가 최근 발표한 〈지구 온난화 1.5도 특별 보고서Global Warming at 1.5℃〉를 언급한 바 있다.

"IPCC에 따르면 우리는 11년 안에 지구를 황폐화하고 통제 불가능한 상태로 만들 일련의 연쇄 반응의 사슬을 끊어 내야 합니다."

이미 통과된 탄소 배출 저감 정책을 준수한다 해도 인간이 지금과 같은 속도로 화석 연료를 사용할 경우 21세기 말이 되면 지구의 기온이 3도나 더 상승할 수 있다. 과학자들은 기온이 이 정도로 상승하면 1년 중 6개월은 지구상에서 빙하가 사라질 것이고 그 결과 해수면 상승, 가뭄, 동식물 멸종 등의 이상 현상으로 인류는 공황 상태에 빠질 것이라고 경고한다.

그렇다면 그레타가 "불타는 집"이라고 표현한 상황을 진압하려면 우리는 무엇을 해야 할까? IPCC에 따르면 오는 2050년까지 잔여 이산화 탄소의 배출량을 '제로(0)'로 만들어야 한다. 이때 잔여 이산화 탄소 배출량이란 지구에서 생산된 이산화 탄소량과 식물과 같은 자연 필터를 통해 흡수되거나 새로운 기술을 통해 인공적으로 흡수된 이산화 탄소량의 차이를 가리킨다. 지구 평균 기온 상승 폭을 산업화 이전 대비 1.5도 이내로 제한하려면 이러한 조건을 만족해야 하는데, 충분히 실현 가능한 목표다. 우리는 정부 측에 이산화 탄소 배출을 제한하고 유엔의 '지속 가능한 발전' 계획을 이행할 것을 촉구해야 한다. 수많은 과학자들이 지구 기온 상승 폭을 제한하려면 우리가 어떤 일을 해야 하는지 이미 제시한 바 있는데, 이를 정리해서 발표한 것이 바로 유엔의 '지속 가능한 발전' 계획이다.

그리고 무엇보다도 우리가 지금 당장 할 수 있는 일이 무엇인지 스스로 생각해 보아야 한다.

이어지는 장에서는 '지속 가능한 발전'이라 불리는 이 퍼즐을 구성하는 수많은 조각과 각 조각의 기능을 조금 더 자세히 살펴본다. 이제 기후 변화 문제를 해결하는 데 함께하기 위해 '#나의기후행동' 해시태그를 달아 보자. 참여하는 사람들이 적다거나, 혹은 우리가 너무 어리다고 해서 두려워하지 말자. 그레타도 처음에는 그랬으니까.

4장

기후 변화

90년 동안 0.5도의 기온 차이가 가져올 수 있는 변화

2100년이 되면 해수면이 1미터나 상승할 수 있다는 연구 결과가 발표되자, 학생들도 들고 일어나기 시작했다. 요즘 기후 변화에 맞서 투쟁에 나선 청소년들은 처음으로 환경 문제에 대해서 제대로 공부하기 시작한 세대에 속한다. 많은 학생들이 실력 있는 교사와 기후 변화 문제에 민감한 주요 언론사, 그리고 최근 들어서는 '#미래를위한금요일' 해시태그를 중심으로 형성된 온라인 커뮤니티를 통해 많은 정보를 접하고 있다.

그레타는 IPCC의 최신 보고서를 주로 참고했다. 언뜻 보면 전문가들의 주장이 다소 복잡하게 느껴지지만 사실 메시지는 명확하다. 우리가 지금과 같은 속도로 화석 연료를 사용한다면 21세기 말에 이르러 지구의 평균 기온이 산업화 이전 대비 최소 3도까지 상승할 수 있다는 것이다. 이 정도의 기온 상승은 극단적인 기후 변화를 초래할 수 있다. 예컨대 550만 제곱미터에 달하는 아마존 밀림은 반 토막이 날 것이고 일부 지역은 지금보다 훨씬 자주 폭염에 시달리게 될 것이다. 또 어떤 지역에서는 지금 동남아시아에서 그런 것처럼 태풍 같은 파괴적인 자연재해가 더 자주 일어나게 될 것이다. 홍수와 가뭄과 해수면 상승으로 전 세계 해안 지방에 살고 있는 수많은 주민들이 섬과 해안과 하구를 떠나 이주할 수밖에 없게 되고 경우에 따라서는 몰디브처럼 나라 전체가 위험에 빠질 수도 있다.

2015년 12월, 전 세계 195개국은 파리 협정Paris Agreement을 채택한다. 이듬해인 2016년 발효된 파리 협정은 2020년 이후부터 적용할 새로운 기후 협정으로, 2100년도까지 산업화 이전 수준 대비 지구 평균 온도가 2도 이상 상승하지 않도록 온실가스 배출량을 단계적으로 감축하는 내용을 담고 있다. 이 협정은 지구의 기온 상승 폭을 1.5도 이내로 제한하는 것이 이상적이라고 명시한다. 왜 1.5도일까? 0.5도의 기온 차가 어떤 변화를 초래하는 걸까? 이에 대한 조사에 착수한 IPCC는 0.5도의 기온 차로 인한 변화는 엄청날 것이라는 결론에 도달했다.

"지구 기온 상승 폭을 1.5도 이내로 제한한다면 자연과 인간 시스템의 취약성•이 감소할 것이다." 이는 곧 평균 기온이 2도 상승할 때보다 1.5도 상승할 때 기후 변화로 인한 피해가 현저히 줄어들 것이라는 사실을 의미한다. 이렇게 될 경우 기후 변화에 대한 적응력••도 향상시킬 수 있을 것이다.

• vulnerability. 기후 다양성과 극한 기후 상황을 포함한 기후 변화의 역효과에 대한 한 시스템의 민감도, 또는 대처할 수 없는 정도를 말한다.

•• adaptation. 기후 변화의 파급 효과와 영향에 대해 자연적·인위적 시스템의 조절을 통해 피해를 완화시키거나, 더 나아가 유익한 기회로 활용하는 활동을 말한다. 기후 변화에 대응하기 위한 방법은 온실가스 감축과 기후 변화에 대한 적응으로 구분되는데, 적응은 기후 변화로 인한 위험을 최소화하고 기회를 최대화하는 대응 방안이다. 하수도 등 기반 시설 정비, 폭염 시 야외 활동 자제, 방역 활동 등이 여기에 속한다.

날씨와 기후의 차이는 무엇인가요?

날씨는 특정한 장소와 시간에 나타나는 대기 상태를 가리킵니다. 예를 들면 '오늘 밀라노에는 비가 내린다'라는 말이 날씨를 가리킵니다. 이와 달리 기후란 한 지역에서 최소 30년 이상 관측된 현상의 통계 수치에 의해 규정된 기상 조건이나 환경 조건의 집합체를 뜻합니다. 예컨대 한 지역의 평균 기온이나 기온의 변화 폭을 나타내지요. '이 지역은 기후가 (평균적으로) 온화하다'라는 표현처럼 말입니다.

기후 변화란 무엇인가요?

WMO는 기후 변화를 최소 30년 또는 그 이상의 기간 동안 기후의 상태나 자연적인 변동의 평균이 변화하는 것이라고 정의합니다. 단, 극단적인 형태의 자연재해는 자연적인 변동에 포함되지 않습니다. 지구 온난화와 지구 한랭화는 모두 기후 변화의 결과로 나타나는 현상입니다. 과학자들은 전 세계적인 기후 변화의 요인으로 지구 온난화를 지목하는데 이는 부분적으로 인간 활동에 영향을 받아 발생한 것입니다. 1800년대 중반 산업 혁명 이전과 비교했을 때 현재 지구의 기온은 이미 1도나 상승했으며 지금 당장 단호하게 이산화 탄소 배출량을 감축하지 않으면 2100년에는 평균 온도가 3도에서 5도까지 상승할 수 있습니다.

기후 변화로 어떤 일들이 일어나나요?

기후 변화로 나타나는 현상으로는 지구 평균 기온 상승, 해수면 상승 등이 있습니다. 또 지역에 따라 강우량이 증가하거나 가뭄이 나타나기도 합니다. 그뿐만이 아닙니다. 생물 서식 환경의 변화와 동식물의 멸종도 기후 변화에 영향을 받아 나타나는 현상입니다. 사회적으로는 빈곤과 기아가 증가하고 국가 간 불균형이 심화하며 대규모 이주 현상이 나타날 수 있습니다.

기후 변화를 막으려면 어떻게 해야 하나요?

과학자들은 2030년까지 이산화 탄소 배출량을 '순純 제로화', 즉 '0'으로 맞추어야 한다고 말합니다. 그러기 위해서는 지금 당장 화석 연료 사용량을 감축해서 11년 안에 대기 중에 잔류하는 탄소 배출량과 대기권에서 흡수되는 탄소량을 같게 해야 합니다. 이산화 탄소는 숲과 같은 천연 필터나 '이산화 탄소 포집' 기술 등을 통해 흡수할 수 있습니다.

어떻게 해야 탄소 배출량 감축 목표를 달성할 수 있을까요?

우선 화석 연료의 사용을 제한하고 그렇지 않을 경우 불이익을 주는 법을 만들어야 합니다. 새로운 법은 기존 법과 비교할 수 없을 정도로 매우 엄격해야 할 것입니다. 또 재생 에너지 개발을 위해 공적 자본과 민간 자본을 투자하고 기술력을 국제적으로 공유해야 합니다. 사람들의 습관도 바꿔야 합니다. 소비를 줄이고 에너지를 절약하고 올바른 생산 과정과 공정한 판매 과정을 거쳐 판매되는 식품을 선택해야 합니다. 일단 탄소 배출량이 감소하면 우리 모두 힘을 모아 유엔이 전 세계 빈곤 퇴치를 위해 설계한 '지속 가능한 발전' 계획을 실천해야 합니다. 지구에 사는 모든 사람들의 사회적·경제적 안녕을 지키는 것이야말로 환경 보호의 필수 요건이기 때문입니다.

우리에게 남은 시간은 얼마나 되나요?

지금 당장 지속적으로 탄소 배출량을 감축해야 합니다. 임시적인 방편에 매달리며 시간을 허비할수록 지구 평균 기온 상승 폭을 1.5도 이내로 제한한다는 목표를 달성하기가 점점 더 힘들어질 것입니다. 2030년이 지나면 상황이 지금보다 더 복잡해질 뿐만 아니라 문제 해결을 위한 비용 부담도 늘어날 것입니다. 또 개발 도상국들은 전 지구 차원의 환경 보호 계획에 보조를 맞추기가 더욱 힘들어질 것입니다.

RESILIENT CITY

5장

강자와 약자

탄력성•의 개념: 기후 비상사태에 대비하기

2018년 9월 14일 아침, 태풍 망쿳은 시속 250킬로미터라는 엄청난 강풍과 함께 필리핀 루손섬을 강타했다. 그로부터 이틀 후 태풍은 홍콩과 중국 남부 타이산에 도달한다. 홍콩에 상륙한 지 불과 몇 시간 만에 높이가 4미터에 달하는 해일이 해변과 리조트를 통째로 집어삼키며 도로 위로 배를 토해 놓았다. 태풍의 기세에 고층 빌딩들이 바르르 몸을 떨었고 수많은 나무들이 뿌리째 뽑혀 나갔으며 대형 크레인까지 쓰

• resilience. 잠재적으로 노출된 위험에 대하여 적합한 기능의 정도나 구조에 도달하거나 일정 정도를 유지하기 위해 저항하거나 바꿈으로써 적응을 할 수 있는 시스템이나 공동체, 사회의 능력. 더 나은 미래의 보호와 위기 감소 도구를 개선하기 위하여 과거의 재난으로부터 교훈을 얻어 사회적 시스템이 스스로를 조직하는 가능성의 정도를 나타낸다.

러졌다.

홍콩 기상청은 망쿳을 태풍의 강도와 피해 규모 면에서 사상 최악의 재해로 선언했다. 하지만 태풍이 지나간 지 불과 18시간 만에 기차와 지하철, 비행기 운행이 재개되고 관공서 건물의 안전 점검이 완료된다. 정부는 민방위국 공무원들을 투입해 중심 도로들을 정비했고, 그 결과 태풍이 지나간 지 불과 24시간 만에 관공서 업무와 학교 수업이 정상화됐다. TV나 휴대전화를 통해 전파된 태풍 주의보를 흘려들은 사람들 중에서 부상자가 몇 명 발생하기는 했지만 중상자는 한 명도 없었다.

그에 비해 필리핀에서는 산사태와 홍수로 수많은 사상자가 나왔고 태풍이 지나간 뒤에도 수 주 동안 마비 상태가 지속됐다. 태풍이 남긴 상처가 너무나 컸기 때문에 필리핀 정부는 기상학자들에게 망쿳을 태풍 이름 명단에서 삭제해 줄 것을 요청했다. 아픈 기억은 잊는 것이 좋으니까. 태풍 망쿳의 피해 결산서는 다음과 같다. 필리핀 사상자 200명, 중국 사상자 6명, 홍콩 사상자 0명. 기후학자들이 말하는 탄력성과 그 반대 개념인 취약성의 의미를 이해하는 데 태풍 망쿳만 한 예는 없을 것이다.

탄력성은 한 지역이 자연 현상을 견딜 수 있는 능력을 의미한다. 자연재해에 대한 대응 탄력성이 높은 국가는 자국민과 자연환경과 사회 시스템을 기후 변화로 인한 자연재해로부터 보호하기 위한 액션 플랜action plans을 세우고 국가 인프라스트럭처infrastructure를 정비할 수 있는 능력을 갖추었다고 할 수 있다. 기후 변화의 악영향에 대응하기 위해서는 기후 변화의 주된 요인을 제공하는 행위를 중단하는 것만으로는 부족하다. 즉 '완화•'만으로는 충분하지 않다. '완화'를 넘어 위기를 극복하고 국가가 자연재해에 대응할 수 있는 능력을 키워야 하는데, 이러한 능력을 '적응력'이라고 한다.

기후 변화 현상은 전 세계적으로 균일하게 나타나지 않는다. 과학자들은 지구 온난화에 더 많은 영향을 받는 지역을 '핫 스폿hot spot'으로 구분 지었는데 북극과 아마존, 인도네시아 일부와 중앙아시아와 동아시아 그리고 지중해가 여기에 포함된다. 유럽 환경청EEA, European Environment Agency은 북극 빙하의 해빙이 비정상적인 폭염을 초래했다고 추정한다. 아프리카도 마찬가지다. 삼림 벌채와 기후 변화에 따른 가뭄과 홍수로 전쟁이 일어났을 뿐 아니라 민족 대이동이 진행돼 그 피해가 유럽까지 미치고 있다.

• mitigation. 미래의 기후 변화 정도를 감소시키는 것을 말한다. IPCC는 기후 변화 완화를 '온실가스 배출량(GIG)을 줄이거나 온실가스 흡수원(carbon sink)을 늘림으로써 온실가스 배출량을 줄이는 활동'으로 정의했다. 신재생 에너지 사용과 에너지 효율 개선, 에너지 절약, 나무 심기, 분리수거와 재활용 등을 예로 들 수 있다.

자연재해에 대응하기 위한 탄력성을 높이기 위해 국가는 무엇을 해야 하나요?

1. 기후 변화로 인한 악영향에는 홍수처럼 갑작스러운 자연재해도 있고, 해수면 상승에 따른 해안 침식처럼 오랜 시간에 걸쳐 나타나는 현상도 있습니다. 국가의 탄력성을 높이기 위해서는 기후 변화로 인한 피해 예방에 투자해야 합니다.

2. 위험한 자연재해를 예측하고 재해가 발생했을 때 신속하게 알릴 수 있는 경보 시스템에 투자해야 합니다.

3. 재해 시 주민들이 안전하게 머무를 수 있는 튼튼한 시설을 짓는 데 투자해야 합니다.

4. 탄소 배출량을 감축하고 화석 연료의 생산량과 가격 변동으로부터 자유로워질 수 있도록 재생 에너지에 투자해야 합니다.

5. 기후 변화에 언제든 대응할 수 있게 교육과 연구와 혁신을 위해 투자해야 합니다.

SUSTAINABLE DEVELOPMENT GOALS
SEN BEHÖVER
SOM EN KRIS!
ÄR DEN

6장

지속 가능한 발전

인류를 구원할 다리

기후 변화 문제를 해결하는 과정을 물에 빠지거나 휩쓸리지 않고 물살이 거센 강을 건너는 일이라고 상상해 보자. 강을 건너기 위해서는 우선 물의 흐름을 막아야 하는데 그러려면 수위를 낮추고 물살을 약하게 만들어야 한다. 일단 물살이 약해지면 재빨리 강바닥에 돌을 한 줄로 늘어놓는다. 그 위로 돌을 촘촘히 쌓아 올려서 강 반대편으로 건널 수 있는 안전한 통로를 완성했다면 목표를 이룬 것이다.

이제 이 상상을 기후 변화 문제 해결을 위한 전략에 전용해 보자. 물론 현실은 이보다 훨씬 더 복잡하겠지만 말이다.

전문가들은 이른 시일 내에 잔여 이산화 탄소 배출량을 제로화하는 것이야말로 우리가 풀어야 할 최우선 과제라고 말한다. 그것도 가능하면 2030년까지. 이는 기후 변화를 막기 위한 기본 전제로, 만약 실패한다면 앞으로 그 어떠한 전략도 성공할 수 없다. 우리는 날로 증가하는 이산화 탄소 배출량에 따른 온실 효과의 영향으로 강을 건너지 못하고 강한 물살에 휩쓸려 떠내려가게 될 것이다. 그레타의 말이 옳다.

"우리는 화석 연료를 제자리에 두어야 합니다. 땅속 깊은 곳에 말입니다."

물의 흐름을 막는 즉시 '다리 놓기' 전략을 실행에 옮겨야 한다. 그러니까 강바닥에 돌을 차곡히 쌓아 올려야 한다는 뜻이다. 이때는 무엇보다도 신속해야 하는데 그러려면 다리를 놓는 데 적당한 돌을 미리 찾아 놓아야 한다. 대체할 에너지가 없으면 화석 연료 사용을 장기간 중단할 수 없기 때문이다. 기후 변화 문제에 있어서 유엔의 '지속 가능한 발전' 계획은 다리이고, 환경 문제를 해결하기 위해서 우리가 실천해야 하는 개별적인 행동들은 그 다리를 만드는 데 사용되는 돌이다.

재생 에너지 생산 시설을 짓기 위해 투자하고, 물건을 아껴 쓰고, 환경을 오염시키는 폐기물의 배출을 줄이고, 쓰레기를 재활용하고, 해양 환경을 보호하고, 지속 가능한 방식으로 농사를 짓고, 가축을 키우고, 올바른 식습관을 기르고, 빈곤을 퇴치하기 위한 운동에 참여하는 모든 행동이 튼튼한 다리를 만들기 위한 재료로 사용되는 것이다.

과학자들은 이미 사용 가능한 모든 표현을 동원해서 이것이 우리가 가야 할 유일한 길이라는 사실을 강조했다. 그다음으로 우리가 던져야 할 질문은 '그렇다면 과연 누가 이 일을 담당해야 할 것인가'이다. 누가 흐르는 물을 막고 돌을 모아서 모든 사람들이 강 반대편으로 무사히 건너갈 수 있게 할 것인가. IPCC는 "시민 사회와 산업과 과학 부문 협력을 기반으로 한 국제 협력이야말로 이러한 목표를 이루기 위한 근간"이라고 규정한다. 구체적으로 어떤 것을 의미할까?

국제 협력 국제 협력은 기후 변화 문제 해결을 위해 없어서는 안 될 각본과 같다. 국가들은 공동의 목표를 달성하기 위해 서로를 지지해 줄 수 있는 방법을 찾아야 한다. 선진국은 개발 도상국이 사회적·경제적으로 성장하면서 탄소 배출량을 감축할 수 있도록 도와야 한다. 이들 국가의 도태는 해당 국가의 내부적 불균형을 초래하는 데 그치지 않고 세계적인 불균형 성장 문제를 심화시킬 것이기 때문이다. 금융권과 민간 연구 기관과 공공 연구 기관 모두 특정 국가나 투자자들의 이익 대신 국제 사회의 이익을 추구해야 한다. 국가 간 협조가 이루어져야 물의 흐름을 막고 다리를 만들 수 있다.

시민 사회 우리 모두가 시민 사회의 구성원이다. 우리는 병들어 가는 지구의 시민이다. 지금까지는 강 반대편으로 피신해야 한다는 사실을 모른 채 살아왔다. 하지만 다행히도 수많은 청소년들이 그레타의 메시지에 응답하며 목소리를 높이고 있다. 강 반대편으로 안전하게 이동하기 위해 우리가 무엇을 해야 하는지 젊은 세대가 앞장서서 어른들에게 가르쳐 준다면 놀라운 성과를 얻을 수 있을 것이다. 청소년들은 벌써 행동에 나섰다. 지속 가능한 발전을 홍보하기 위한 다양한 아이디어와 실천 계획과 노하우를 공유하는 수많은 트위터, 인스타그램, 페이스북은 이미 '#나의기후행동' 해시태그로 가득하다.

과학과 기술 혁신과 산업 과학과 기술 혁신과 산업 역시 다리를 만드는 데 없어서는 안 될 핵심 요소다. 과학은 기후 변화를 막기 위한 방법을 지속적으로 연구하고, 그 결과를 이해하기 쉽게 제시해서 정부와 투자자와 시민들에게 올바른 방향을 알려 주어야 한다. 산업은 개인의 이익보다 전 지구적 이익을 우선시해야 한다. 그레타는 이 부분에 대해서 명확하게 설명한다.

"우리는 소수의 부를 위해 생물권 전체를 희생하고 있습니다. 소수의 사치를 위해 다수가 고통받고 있죠. 이러한 시스템은 올바르지 않습니다. 바꿔야만 해요. 우리는 공평성에 집중해야 합니다."

7장

화석 연료

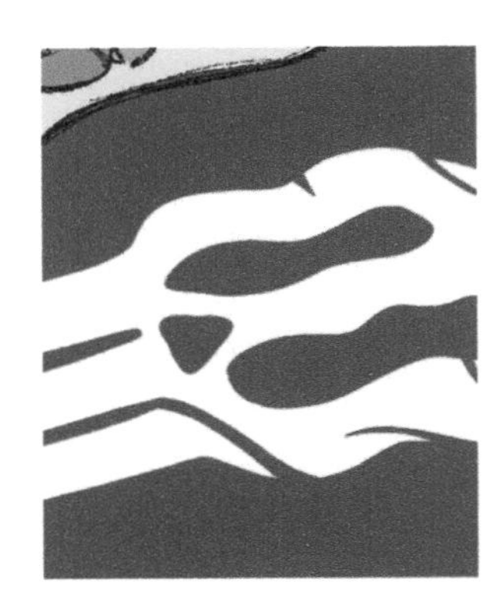

대체해야 할 에너지

이 책의 장르가 추리 소설이었다면 처음부터 범인의 정체를 밝히고 스토리를 전개하는 구성이 됐을 것이다. 실제로 화석 연료는 언제나 지구 온난화와 관련된 온실 효과의 주범으로 지목되었다. 이는 이미 반세기 전에 과학적으로 증명된 사실이기 때문에 아무도 반대 의견을 제시할 수 없을 것이다. 대기권 내 이산화 탄소 배출량은 석탄, 석유, 천연가스와 같은 화석 유기물의 연소량에 비례해서 증가한다.

사람들이 처음으로 화석 연료 연소량과 이산화 탄소 배출량 사이에 연관성이 있으리라고 생각하기 시작한 것은 1800년대 초였다. 처음 영국에서 공장을 짓고 운영하기 시작한 공장주들은 석탄을 태우면 수백 명의 노동력을 대체하는 커다란 기계를 작동할 수 있는 엄청난 양의 에너지가 생성된다는 사실을 깨달았는데, 이것이 바로 산업 혁명의 시작이다.

산업 혁명 당시 런던을 배경으로 쓴 소설이나 영화를 보면 '런던의 잿빛 스모그'라는 표현이 쉽게 와 닿을 것이다. 연필심 같은 진한 잿빛 말이다. 산업 혁명 시기에는 엄청난 양의 석탄이 연소됐고 그로 인한 환경적 영향은 곧바로 가시화되어 나타났다. 이산화 탄소가 연소하면서 생성된 입자(미세 먼지와 초미세 먼지)가 공장 근처 공기를 잿빛으로 만들었을 뿐 아니라, 영국 수도에 늘어선 장엄한 건물들의 외벽까지 회색으로 물들였기 때문이다. 그로부터 수 세기 후 제2차 세계 대전이 끝난 다음 석유를 연소하고 뒤이어 천연가스를 연소했을 때도 정도의 차이는 있지만 유사한 현상이 나타났다.

사람들은 화석 연료가 비교적 최근에 발견됐다고 생각한다. 화석 연료를 비행기 연료나 플라스틱 같은 물질을 생산하기 위한 재료로만 생각하기 때문이다. 하지만 화석 연료는 현존하는 가장 오래된 천연 물질 중 하나다. 화석 연료는 식물과 동물 같은 유기체의 잔해 화석이 수백만 년 동안 지각에서 높은 온도와 압력에 의해 분해되는 과정을 거치면서 형성되었다. 대표적인 화석 연료로는 석유와 석탄과 가스가 있는데, 이들은 현재 인류가 사용하는 전체 에너지원의 85퍼센트를 차지한다.

화석 연료를 태우면 공기 중에 온실 효과의 주요인인 이산화 탄소가 배출된다. 매년 215억 톤의 이산화 탄소가 배출되는 데 비해, 숲처럼 자연스럽게 탄소를 분해할 수 있는 천연 필터가 흡수하는 탄소량은 배출량의 절반에 불과하다. 이는 곧 일 년 열두 달 동안 107억 5,000만 톤에 달하는 이산화 탄소가 대기에 축적된다는 것을 의미한다. 우리가 익히 알고 있듯이 이렇게 축적된 이산화 탄소는 지열을 대기권 안에 가두는 역할을 한다. 바로 이 때문에 화석 연료의 걷잡을 수 없는 폭주를 멈추는 것이야말로 현재 인류가 당면한 가장 시급한 과제라고 과학자들이 입을 모아 말하는 것이다. 그레타도 말했다. 지금은 망설임 없이 브레이크를 밟아야 할 때다.

그러나 이는 언뜻 생각하면 간단한 문제 같지만, 실상은 그렇지 않다. 인간의 활동을 머릿속에 떠올려 보자. 운송, 건물 · 도로 · 병원 건설, 농업, 수업, 식품 저장 가공업, 에너지 생산에서부터 학생들이 등교할 때 타고 다니는 자전거와 같은 제품 생산에 이르는 다양한 산업 활동, 식수를 끌어 올려 가정에 보급하는 일, 쓰레기 재활용. 이렇듯 인간 사회가 원활하게 돌아갈 수 있게끔 돕는 모든 활동에는 에너지가 필요하다. 우리는 일상의 포로가 된 것이다.

그렇다면 어떻게 해야 이 상황에서 벗어날 수 있을까? 토론할 시간은 이미 지났다. 이제 강력한 행동에 나서야 할 때인데, 이를 위해서는 우선 각 나라의 정부가 나서야 한다. 정부는 국제적인 협력을 통해 비재생 에너지와 재생 에너지의 사용 비율을 전복시켜야 한다. 여기서 비재생 에너지란 화석 연료를 가리킨다. 지하에 매장된 화석 연료의 양은 한정적이며 일부 과학자들은 인류가 이미 매장량의 50퍼센트를 소진했다고 말한다. 재생 에너지에는 수력 에너지, 풍력 에너지, 태양 에너지와 같은 전통적인 에너지뿐 아니라 최근 연구를 통해 개발한 새로운 에너지들도 포함된다. 이러한 에너지들은 대기권에 이산화 탄소를 배출하지 않는다. 이 외에도 비재생 에너지로 분류되는 원자력 에너지가 있다. 화석 연료 사용에 '브레이크'를 걸어야 할 현시점에서 원자력 에너지가 어떤 역할을 할 수 있을지에 대해서는 과학자들 사이에서도 의견이 분분하다. 분명한 것은 원자력 에너지가 심각한 안전 문제를 수반하고 있다는 사실이다.

중국은 여전히 세계 최대 탄소 배출국이지만, 신에너지 부문 투자와 새롭게 수립한 국가 차원의 이산화 탄소 배출량 감축 계획 덕분에 지난 2013년부터 2016년까지 3년 동안 이산화 탄소와 함께 방출되는 초미세 먼지의 배출량을 30퍼센트나 감축했다. 중국은 파리 협정을 가장 잘 준수하고 있으며 심지어 일부 목표는 지정된 기간보다 빨리 달성하기도 했다. 반면 세계 제2위 탄소 배출국인 미국은 2017년 파리 협정에서 탈퇴했다. 미국의 인구는 세계 인구의 5퍼센트밖에 되지 않지만 이들이 배출하는 탄소량은 전 세계 탄소 배출량의 25퍼센트에 이른다.

8장

깨끗한 재생 에너지

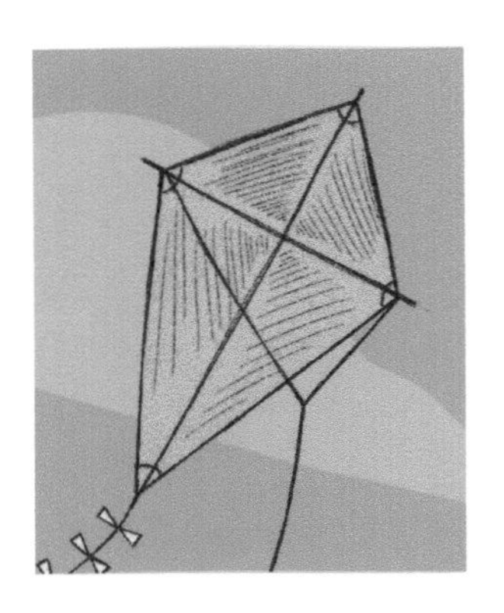

지구의 미래를 책임질 슈퍼 히어로

화석 연료 사용을 중단했다고 가정해 보자. 그다음 단계는 무엇일까? 어떻게 해야 화석 연료를 사용하지 않아도 생활하는 데 지장이 없을까? 어떻게 해야 건강하게 살고 자유롭게 이동하면서 아직은 경제 성장이 필요한 국가들을 도울 수 있을까? 다행히 화석 연료는 인류의 유일한 에너지원이 아니다. 우리에게는 태양과 바람과 물과 지구 내부에서 생성되는 지열 같은 청정 재생 에너지원이 있다.

IPCC에 따르면 기후 변화를 막기 위해서는 2050년까지 세계 에너지 사용량의 70퍼센트에서 85퍼센트를 재생 에너지로 대체해야 한다. 현재 재생 에너지 사용량은 전체 에너지 사용량 대비 23퍼센트에 불과하다. 그럼에도 에너지 믹스• 등의 다양한 방법을 통해 재생 에너지 공급량이 증가할 것이라고 예측하는 논문만 6,000개가 넘는다. 미래를 예측하기란 어려운 일이기 때문에 수많은 시나리오가 존재한다. 한 가지 확실한 것은 재생 에너지 사용이 증가할수록 지구가 더 건강해진다는 사실이다. 그뿐만이 아니다. 재생 에너지는 그동안 에너지원에 쉽게 접근할 수 없어서 성장이 더디었던 저개발 국가의 불확실성과 빈곤 문제를 해결하는 데도 도움을 준다. 스마트폰 없이는 하루도 못 살 것 같은 우리에게는 소설에서나 나올 법한 이야기 같지만, 지구 곳곳에서 14억 인

• Energy Mix. 에너지(energy)와 섞다(mix)의 합성어로, 에너지원을 다양화한다는 의미를 갖는다. 석유나 석탄 같은 '기존 에너지'의 효율적 활용과 태양광 같은 '신에너지원'의 융합을 통해 폭발적으로 증가하는 에너지 수요에 적절하게 대응한다는 내용을 포함한다.

구가 아직도 전기 없이 살고 있다. 이들이 매일 얼마나 힘들게 빨래를 하고 요리를 하고 책을 읽고 펌프로 식수를 끌어 올릴지 상상해 보라.

비재생 에너지 발전 시설은 엄청난 양의 에너지를 만들어 내지만, 생산 비용이 높을 뿐 아니라 대부분 어느 정도 규모가 있는 도시 인근 지역에만 건설된다. 하지만 이러한 한계는 재생 에너지 부문의 기술 개발을 통해 극복할 수 있다. 재생 에너지를 이용하면 기후 변화의 주요인인 탄소 배출량을 줄일 수 있을 뿐만 아니라, 도시에서 멀리 떨어진 시골이나 개발 도상국에서도 안전하고 독립적인 에너지원에 접근할 수 있게 된다. 이 모든 것이 실현 가능한 이유는 보다 효율적이고 효과적이며 간소화된 재생 에너지 발전 시설을 만들기 위한 연구가 꾸준히 진행되고 있기 때문이다.

재생 에너지 개발을 위한 지속적인 투자는 대기 오염이나 기후 변화 같은 환경 문제뿐 아니라 지속 가능한 개발을 실천하기 위해서도 필수적이다. 최근 과학자들은 전통적인 재생 에너지원에 대한 연구 외에도 탄소를 배출하지 않고 물질을 에너지로 변환할 수 있는 방법을 연구하고 있으며 이미 상당한 성과를 거두었다. 대표적인 성공 사례로는 물에 전기를 흐르게 해서 수소와 산소를 분리하는 물 전기 분해 현상을 이용해서 에너지를 생산하는 기술이 있다. 이 기술은 전망이 밝고 매우 친환경적이다.

전통적인 청정 재생 에너지에는 어떤 것이 있나요?

지열 에너지 지열 에너지는 지구 내부에서 생산된 열에서 추출한 에너지입니다. 주로 냉난방용으로 사용되지만, 전력 생산에 이용되기도 합니다. 최초의 지열 발전기는 1904년 7월 이탈리아 토스카나 지방의 라르다렐로에서 시범 운영되었습니다. 오늘날 지열 에너지를 가장 적극적으로 활용하는 지역은 미국 캘리포니아주이며 총 전력량 중 지열 발전이 차지하는 비율이 15퍼센트 이상인 국가로는 아이슬란드, 코스타리카, 필리핀, 엘살바도르, 케냐, 뉴질랜드 등이 있습니다.

수력 에너지 수력 에너지는 물이 낙하할 때 생기는 운동 에너지를 이용하여 생산합니다. 수면의 높이차를 이용한 댐에서 에너지를 얻거나 강물을 이용해서 생산할 수 있습니다. 요즘에는 주로 전력 생산에 이용하지만, 과거에는 곡식을 빻는 물레방아 같은 기계를 작동시키는 데 사용되곤 했습니다. 나이아가라 폴스의 가로등은 이미 1881년부터 폭포의 낙수 운동을 이용해서 생산한 전력으로 작동되고 있습니다. 현재 생산되는 재생 에너지의 70퍼센트가 수력 에너지인데 이는 전 세계 전력 소비량의 17퍼센트에 달합니다.

태양 에너지 태양 에너지는 태양광 기술(집과 공장 지붕이나 넓은 표면에 설치된 태양광 패널)을 이용해 저장한 태양 빛을 농축해서 전력으로 변환하는 방식으로 생산합니다. 태양광 패널은 면적이 좁은 곳에도 설치가 용이하다는 장점이 있습니다. 이 때문에 외딴 지역에도 사회적·경제적 혜택을 줄 수 있다는 면에서 잠재력이 큰 재생 에너지이지만, 아직은 에너지 저장과 관련된 기술을 보완해야 합니다. 유럽에서 아시아에 이르는 세계 최고의 과학자들이 태양 에너지를 일정하게 유지해서 필요할 때 사용할 수 있는 기술을 개발하고자 노력하고 있습니다. 세계 최초의 태양광 패널은 1897년 파리에서 소개되었지만 당시만 해도 석탄이 주 에너지원이었기 때문에 큰 반향을 불러일으키지는 못했습니다.

풍력 에너지 거대한 터빈을 이용해서 공기 중의 운동 에너지를 전력으로 변환하는 방식으로 생산하는 에너지입니다. 풍력 에너지를 생산하기 위해서는 기류를 포획할 수 있는 풍력 발전기를 땅 위나 바다 한가운데에 설치해야 합니다. 풍력 에너지는 이산화 탄소를 전혀 배출하지 않지만 태양 에너지와 마찬가지로 기상 변화에 취약하며 에너지 저장 기술을 개선해야 한다는 단점이 있습니다. 지금은 전 세계 에너지 소비량의 4.4퍼센트에 불과하지만 크게 증가하는 추세이며 가장 잠재력이 큰 에너지원으로 평가받고 있습니다.

해양 에너지 해양 에너지도 풍력 에너지처럼 터빈을 이용해서 조류의 운동 에너지를 전력으로 바꾸는 방식으로 생산합니다. 파도의 움직임과 바닷물의 성분 차이를 이용해서도 전력을 생산할 수 있습니다. 현재 수많은 해양 에너지 개발 프로젝트가 진행 중이지만 아직 기술적으로 개선해야 할 부분이 많습니다. 해양 에너지를 이용하면 이산화 탄소를 배출하지는 않지만, 그 대신 해양 생태계에 악영향을 줄 수 있습니다.

9장

식수

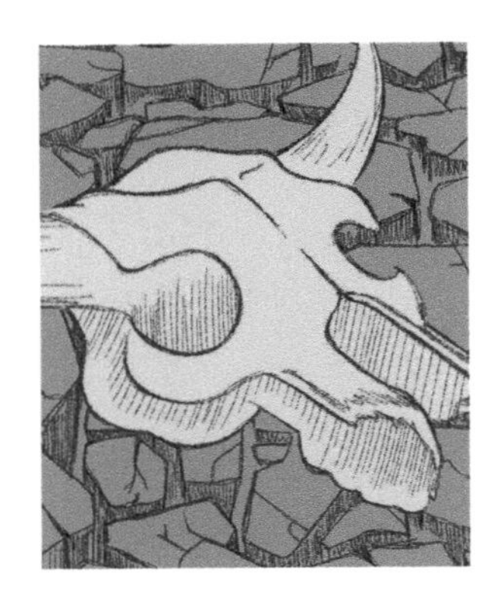

20억 명의 생명을 구할 수 있는 기술과 아이디어

"식수는 우리 시대의 석유인가?"

언젠가 〈파이낸셜타임스Financial Times〉가 던진 질문이다. 〈파이낸셜타임스〉뿐만이 아니다. 세계 주요 은행에서 장기 투자를 담당하는 펀드 매니저와 입법자들도 동일한 의문을 제기한다. 지난 10년 동안 수많은 세계적 기업이 수원을 사들였다. 심지어 부시 전 미국 대통령의 자녀들도 과라니 대수층Guarani Aquifer의 사용권을 얻기 위해 지갑을 꺼내 들었다. 대수층은 지하수를 품고 있는 지층으로, 그중에서 과라니 대수층은 파라과이, 브라질, 우루과이와 아르헨티나를 가로지르는 세계에서 가장 큰 규모의 대수층이다. 영어에는 '돈의 흐름을 따라가라Follow the money'는 표현이 있다. 대규모 투자가 이루어지는 데는 다 그럴 만한 이유가 있다. 자본의 유입은 시장에 대한 관심이 높아질 만한 일이 일어났으며 시간이 흐를수록 투자 대상의 수요가 증가할 것이라는 사실을 의미한다. 문제는 그 대상이 식수가 될 경우, 수요는 곧 '갈증'을 의미한다는 사실이다.

지구 표면의 70퍼센트는 물로 덮여 있고, 우리 몸은 70퍼센트가 물로 구성되어 있다. 하지만 70퍼센트라는 높은 비율에 비해 실제로 마실 수 있는 물이 차지하는 비중은 얼마 되지 않는다. 이론적으로는 전 세계 인구의 갈증을 해소하기에 충분한 양이지만 여기에는 두 가지 장애물이 있다. 첫째는 누구나 식수를 마실 수 있게끔 해 주지 못하는 무능력한 정부들이고, 둘째는 바로 기후 변화다. 1990년부터 2005년까지 15년 동안 국제 사회는 마실 수 있는 수원에 접근 가능한 세계 인구의 비율을 70퍼센트에서 90퍼센트까지 끌어 올렸다. 그런데도 세계보건기구World Health Organization에 따르면 아직도 오염된 물을 식수로 사용하는 세계 인구가 20억 명이 넘는다. 믿기 힘들 정도로 많은 사람들이 식수 문제로 시달린다는 것이다. 그중에서 2억 6,300만 명(대부분 여성과 아이들이다)이 식수에 사용할 물을 기르러 가느라 하루에 몇 시간을 길에서 허비하고 있다. 집에서 가장 가까운 수원인데도 그렇다. 그뿐 아니라 매년 36만 1,000명의 5세 미만 아동들이 오염된 식수로 병들어 죽어 가고 있다. 수많은 여성과 아이들이 일하거나 공부할 시간에 가족의 생존을 위해 우물에 가느라 고생하는 현실을 생각하면 인명 피해뿐 아니라 사회적·경제적 피해도 심각하다. 식수는 빈곤 퇴치, 교육, 여성 해방, 안보 등 여러 가지 사안과 관련이 있는 중요한 문제이기 때문에 유엔은 이를 '지속 가능한 발전' 계획의 주요 의제로 선택했다.

IPCC에 따르면 기후 변화는 이미 양적으로나 질적으로 세계 수자원에 악영향을 미쳤다. 빙하가 녹으면서 환경적으로 중요한 지역들의 수문지질학적hydrogeological 균형이 깨졌고, 그 주변 지역도 심각한 피해를 입었다. 또 우기와 강수의 패턴이 달라지는 바람에 원래는 기후가 안정적이었던 지역까지 비가 내리는 강도와 빈도가 변해서 건기나 갑작스러운 홍수에 시달리게 되었다. 사회적·경제적으로 불안정해서 원래부터 만성적인 식수 부족에 시달리던 국가들은 기후 변화의 영향으로 한층 심각한 식수 공급 문제를 겪고 있으며 외부의 도움 없이는 생존하기 힘든 지경에 이르렀다.

보유한 수자원을 제대로 관리하지 못해도 갈증과 질병에 시달릴 수 있다. 물은 시간이 조금만 지나도 오염되기 때문에 식수로 사용할 수 없게 되거나 인체에 해롭기 때문이다. 유엔은 오는 2030년까지 모든 사람에게 안전한 식수를 마실 권리를 보장하는 것을 목표로 삼았으며 특히 아프리카, 중앙아시아, 동아시아 및 동남아시아 국가들을 특별 관리하기로 했다.

청정 에너지를 개발하기 위한 기술력을 향상시키는 것도 식수 문제를 해결하는 데 도움을 준다. 앞서 살펴보았듯이 친환경 에너지를 사용하면 탄소 배출량이 감축되기 때문에 이미 시작된 기후 변화의 영향을 완화하고 기후 변화 적응력을 향상시켜 지금 당장 모든 사람들의 삶의 질을 향상시킬 수 있다. 〈바람을 길들인 풍차소년The Boy Who Harnessed the Wind〉이라는 영화가 있다. 홍수와 가뭄 때문에 굶주리는 마을 사람들을 살린 말라위의 어린 소년 윌리엄 캄쾀바William Kamkwamba의 실화를 바탕으로 제작된 영화다. 주인공 윌리엄은 기후 변화와 밀림 벌채의 영향으로 홍수와 가뭄에 시달리는 마을 사람들을 구하기 위해 풍차를 만들기로 결심한다. 윌리엄은 아버지의 자전거 부품과 발전기와 자동차 배터리 몇 개를 이용해서 풍차를 만드는 데 성공하고, 소년의 작은 풍차는 펌프로 지하수를 끌어 올릴 정도의 전력을 생산한다. 당시 모두가 마을을 떠나고 스무 명 남짓한 주민들만이 남았는데 그렇게 끌어 올린 물로 밭에 물을 대고 농작물을 재배해 더는 굶주리지 않게 되었다는 이야기다. 영화 개봉 후 윌리엄은 그레타처럼 테드 강연에 참가할 기회를 얻는다. 윌리엄의 이야기는 인터넷을 통해 급속도로 전파되었고 그 덕분에 말라위의 시골 소년은 미국에서 환경공학을 전공하게 된다. 현재 윌리엄은 작은 마을들에 소규모 태양 발전소와 풍력 발전소를 설치해서 말라위의 식수 문제를 해결하는 프로젝트를 추진하고 있다. 윌리엄은 〈타임〉지의 '세계를 바꿀 30세 이하 30인'으로 선정되기도 했다.

10장

쓰레기 재활용

쓰레기를 버리면 지구의 기온이 올라가는 이유

그레타는 세상의 모든 어른을 향해 이렇게 외친다.

"어른들은 말로는 아이들을 세상에서 가장 사랑한다고 하면서 그들이 보는 앞에서 그 미래를 훔치고 있습니다."

통계 자료만 봐도 그레타의 말이 옳다는 사실을 금방 알 수 있다. 2016년 10월에 발표된 유니세프(유엔아동기금, United Nations International Children's Emergency Fund)의 보고서에 따르면 전 세계 아동 10명 중 7명이 미세 먼지, 다이옥신, 이산화 황 등의 유해 물질로 오염된 유독성 공기를 호흡하고 있다.

유니세프 총재 앤소니 레이크Anthony Lake는 이렇게 말했다.

"국제 사회는 이른 시일 내에 오염 물질의 노출을 최소화해야 합니다."

화석 연료와 폐기물 처리 시 발생하는 유해 가스는 가장 대표적인 오염 물질이다. 폐기물 처리와 기후 변화는 어떤 상관관계가 있을까?

기후 변화 관련 보고서에는 '폐기물 관리'라는 용어가 자주 등장한다. 언뜻 폐기물 관리와 기후 변화는 직접적인 관계가 없어 보이지만 조금만 깊이 생각하면 그렇지 않다는 사실을 알 수 있다. 우선 우리가 쓰고 버리는 물건을 생산하는 데만 해도 엄청난 양의 에너지가 소모된다. 예를 들어 지금 막 시원한 캔 음료를 마셨다고 상상해 보자. 먼저 아마도 호주의 광산에서 알루미늄을 추출한 뒤 수많은 공정을 거쳐 캔 모양을 만들어야 한다. 그런 다음 선박이나 비행기에 싣고 제조 공장에서 수만 킬로미터는 떨어져 있을 음료수 공장으로 캔을 배송해서 그 안에 우리가 좋아하는 음료수를 채워 넣어야 한다. 거의 다 왔다. 이제 또 다른 운송 수단을 사용해서 집 근처 슈퍼마켓이나 카페로 배송해야 캔 음료를 손에 넣을 수 있다. 그렇기에 음료수를 마시고 캔을 버리는 순간, 우리는 이 모든 과정에서 소비된 에너지만큼의 이산화 탄소를 배출함으로써 기후 변화를 악화시킨다.

여기서 핵심은 에너지 소모량을 줄이는 데 있다. 어떻게 해야 캔 음료를 만들고 배송할 때 소모되는 에너지를 줄일 수 있을까? IPCC에 따르면 물건의 1차 생산 과정에서 소모되는 에너지의 양은 2차 가공 과정에서 소모되는 에너지의 4~5배에 달한다. 여기서 1차 생산이란 원재료에서 물질을 추출해서 물건을 만드는 것을 의미한다. 예를 들면 지하에서 자원을 추출하거나 나무로 종이를 만드는 것이 1차 생산에 해당한다. 2차 가공은 재활용품을 이용해서 물건을 제작하는 과정이다. 알루미늄은 2차 가공 과정에 비해 1차 생산 과정을 통해 물건을 만들 때 소모되는 에너지의 비율이 무려 40배에 달한다. 이는 곧 광석에서 알루미늄 1톤을 추출하려면 재활용품에서 같은 양의 알루미늄을 추출할 때보다 40배나 되는 에너지가 더 필요하다는 것을 의미한다.

바로 이러한 이유 때문에 기후 변화의 악영향을 줄이기 위해서는 반드시 재활용을 해야 한다. 물론 소비 자체를 줄이는 것이야말로 기후 변화 문제를 해결하기 위한 최우선 과제이지만 말이다. 실제로 소비량이 증가할수록 원료를 구하고 물건을 생산해서 완성품을 세계 곳곳에 운송하기 위해 소모되는 에너지의 양도 증가한다. 게다가 근사하게 포장이라도 된 제품이라면 그 포장지를 만드는 데에도 제품 생산을 위해 사용된 것만큼의 에너지가 소모되었을 것이다. 그뿐만이 아니다. 쓰레기를 제대로 분리하지 않거나 재활용하지 않으면 어마어마한 가스가 배출되는데 이 중에는 메테인도 포함되어 있다. 메테인은 유기 폐기물이 부패할 때 생성되는 물질로 온실 효과에 이산화 탄소보다 더 큰 영향을 미친다.

폐기물 처리가 중요한 이유는 쓰레기가 제대로 처리되지 않으면 메테인 외에도 독성이 매우 높은 다른 유해 물질들이 대기와 물을 통해 배출될 수 있기 때문이다. 현재 선진국에서는 일인당 소비량이, 개발 도상국에서는 대도시를 중심으로 집단 소비량이 가파르게 증가하고 있는데 문제는 개발 도상국의 대도시 인구가 얼마 안 가서 수백만 명에 달할 것이고, 이들이 배출할 쓰레기 역시 엄청나게 늘어날 것이라는 사실이다. 중국이나 인도 같은 개발 도상국은 이미 이러한 문제를 해결하기 위해 투자하고 있지만 그렇지 못한 나라도 많다. 지금도 물건을 생산하고 폐기할 때 배출되는 어마어마한 양의 독성 가스 때문에 많은 지역이 피해를 입고 있으며 특히 동아시아, 동남아시아, 아프리카 지역의 피해가 가장 심각하다.

11장

플라스틱

제압 가능한 보이지 않는 살인마

빨대, 면봉, 일회용 식기, 일회용 접시, 일회용 컵에서 풍선 막대기까지 해변에 버려지는 쓰레기의 70퍼센트는 일회용 플라스틱 용품들이다. 유럽 연합은 2021년부터 일회용 플라스틱 용품을 퇴출하기로 결정했다. 그뿐 아니라 현재 유리병에 적용하는 수거 원칙을 플라스틱 병에도 적용해서 2029년까지 사용한 플라스틱 병의 90퍼센트를 제조사에 반환될 수 있게끔 하기로 했다. 이렇듯 유럽 국가들은 해양 오염의 주범인 탓에 결과적으로 지구 오염의 주범이기도 한 플라스틱 사용의 감축을 목표로 정책 방향을 잡아가고 있다.

20세기 기적의 소재로 불리는 플라스틱의 발명은 인류의 삶에 혁명적인 변화를 가져왔다. 플라스틱 덕분에 다양한 제품과 부품을 만드는 것이 가능해졌으며 그로 인해 사회가 발전할 수 있었기 때문이다. 위생적인 식품 운송을 가능하게 한 포장 용기에서부터 누구든 원하는 곳으로 이동할 수 있게 해 주는 운송 수단에 이르기까지 사회 구석구석 플라스틱이 활용되지 않는 곳이 없다. 세계 대전 후에도 플라스틱 덕분에 참전 국가들의 산업 잠재력이 향상되었으며, 석유와 플라스틱은(플라스틱은 석유에서 추출된다) 서구 사회의 경제 호황에 크게 기여했다.

한편 현재 매년 800만 톤 이상의 플라스틱 폐기물이 바다로 쏟아져 나오고 있다. 내륙 지방에서 배출된 플라스틱 폐기물은 거대한 강줄기, 특히 아시아와 아프리카의 강줄기를 따라 바다까지 떠밀려 내려와 해양 생물의 서식지를 위협한다.

해양 쓰레기의 대부분은 플라스틱이다. 플라스틱 쓰레기를 잔뜩 집어 먹고 해변에 쓰러진 고래나 먹이인 줄 알고 열심히 비닐봉지 뒤를 쫓는 거북 사진을 본 적이 있을 것이다. 플라스틱 조각을 화려한 미생물로 착각해서 자기도 먹고 새끼에게도 먹여서 비극을 겪는 어미 새도 있다. '#해변을깨끗하게(#cleanthebeach)'라는 해시태그로 대표되는 소셜 미디어 캠페인 덕분에 수많은 젊은이들이 플라스틱 쓰레기가 널려 있는 해변을 청소하기 위해 모여들었지만, 그러는 동안에도 캘리포니아와 하와이 사이로 흐르는 강한 해류의 영향으로 엄청난 크기의 쓰레기 섬이 만들어졌다. 대부분 플라스틱으로 구성된 이 섬의 면적은 프랑스 국토의 3배에 달한다. 하지만 플라스틱 섬 정도는 전체 해양 쓰레기 중 빙산의 일각에 불과하다.

주변의 플라스틱을 한 조각도 남기지 않고 말끔하게 처리한다 해도 가장 위험한 오염 물질은 사라지지 않는다. 플라스틱은 태양 빛과 태양열에 노출돼도 썩지 않는다. 그 대신 과학자들에 의해 마이크로 플라스틱 혹은 나노 플라스틱이라고 부르는 미세한 입자들로 분해되는데, 가끔은 화장품 재료로 사용하기 위해서 이런 플라스틱을 일부러 만들기도 한다. 마이크로 플라스틱이나 나노 플라스틱 중에서 눈에 보이지 않을 정도로 작은 입자들은 수돗물에 흡수되기도 하며, 하수도로 흘러들기도 한다. 문제는 여과 시스템에 의해서 걸러지는 플라스틱 입자가 유입량의 90퍼센트 정도라는 사실이다. 나머지 10퍼센트는 수돗물을 오염시킬 뿐 아니라 화학 물질, 박테리아, 중금속 및 기타 오염 물질을 끌어들인다. 플랑크톤과 크기가 비슷한 이러한 물질들이 먹이 사슬에 침투하면 해양 생태계뿐 아니라 인간도 심각한 피해를 입게 된다.

다행인 것은 최근 플라스틱 규제와 관련된 새로운 법이 승인되었다는 사실이다. 게다가 플라스틱 소비는 조금만 신경을 쓰면 개인 차원에서도 줄일 수 있다. 사용한 플라스틱을 재활용하는 것도 중요하지만 가장 좋은 방법은 플라스틱 제품 사용 자체를 최대한 자제하는 것이다. 우리가 살고 있는 지역의 수질을 확인해 보고, 페트병에 든 생수 대신 다양한 여과 장치를 사용해서 정화한 수돗물을 마시는 것도 좋은 방법이다. 또 [박테리아에 의해 무해 물질로 분해되어 환경에 해가 되지 않는] 생분해성 재료로 만든 '플라스틱 프리plastic-free' 제품을 이용할 수도 있다. 세계적으로 증가 추세인 '제로 패키징zero packaging' 매장에서 장을 보거나 포장지 사용을 최소화한 대용량 상품을 구매해도 플라스틱 사용을 줄일 수 있다.

12장

생물 다양성

맹그로브 숲에서 북극곰까지. 우리는 지구라는 행성을 여행하는 동반자입니다

그레타와 함께 세계경제포럼에 모인 경제학자와 정치인들 앞에서 목소리를 높인 이가 있었으니, 바로 아흔두 살의 작가이자 다큐멘터리 제작자인 데이비드 애튼버러David Attenborough 경이다. 그는 지난 60년 동안 영국 BBC 채널에서 '우리와 함께 지구를 공유하는 경이로운 생명체들'을 소개해 온 전설적인 인물이다. 그가 다보스에서 한 연설은 인터넷을 통해 빠르게 전파되었다. 애튼버러 경은 오래전부터 사람들에게 생물 다양성이 당면한 위험과 피해를 알리기 위해 노력해 왔다. 생물 다양성은 지구란 소중한 배에 우리와 함께 승선한 여행 동반자들을 의미한다.

애튼버러 경은 세계경제포럼에서 이렇게 말했다.

"저는 문자 그대로 다른 시대에서 온 사람입니다. 저는 홀로세* 시대에 태어났습니다. 홀로세란 기후가 안정적이었던 지난 1만 2,000년을 가리키는데 이 시기에 인류는 한 곳에 정착해서 농경을 시작하고 문명을 만들어 냈습니다. 그런데 제가 태어나서 지금까지 살아온 얼마 안 되는 시간 동안 모든 것이 바뀌고 말았습니다. 홀로세가 끝난 것입니다. 과학자들은 인간의 활동이 지구에 너무나 큰 영향을 미친 나머지 새로운 지질 시대가 시작되었다고 말합니다. 그것이 바로 인류세**, 즉 인류의 시대입니다. 하지만 이제는 생물 다양성을 보호하기 위해 힘을 모아야 합니다. 이는 혼자 할 수 있는 일이 아닙니다. 우리가 기후 변화 문제를 해결하기 위한 선택을 한다고 했을 때, 모두가 연결된 독특한 시스템에서 살고 있기 때문입니다. 지금 우리가 하는 행동은 다가오는 미래에 깊은 영향을 줄 것입니다."

IPCC의 제5차 보고서(AR5)는 기후 변화가 생물 다양성에 미치는 영향에 대해서 다루는데, 결론은 다음과 같다.

* Holocene. 지질 시대의 최후 시대로 충적세, 전신세, 완신세 또는 현세라고도 한다.
** Anthropocene. 인류가 지구 기후와 생태계를 변화시켜 만들어진 새로운 지질 시대를 말한다.

"기후 변화가 예상된 시나리오대로 진행된다면 시간이 갈수록 땅과 강과 바다에서 살고 있는 수많은 종이 멸종할 위험이 커질 것이다."

육지와 바다와 담수의 생태계를 보호하는 것은 인간을 포함한 모든 종의 생존을 위한 필수 요건이다. 대표적인 예가 바로 아마존이다. 아마존 우림은 생물 다양성의 보고다. 아마존에는 아직 인간에 의해 발견되지 않은 새로운 동식물이 수없이 많다고 알려져 있으며, 아마존 우림은 이산화 탄소를 감축하는 중요한 천연 필터 역할을 한다. 그런 아마존 우림을 보호하지 않고 벌채를 계속한다면 우리의 소중한 생태계를 위험에 빠뜨리게 될 뿐 아니라, 지구 온난화를 향한 폭주를 막을 수 없다는 사실을 잊지 말아야 한다.

생태계에서 기후 변화의 징후가 가장 명확하게 나타나는 지역은 북극과 호주 북동 해안의 그레이트 베리어 리프 그리고 방금 언급한 아마존 우림이다. 생물종이 사라져 버린 피폐한 지역일수록 기후 변화에 더 취약하다. 해수면의 상승과 해안 지역의 산업화 및 상업화로 사라질 위험에 처한 맹그로브 숲만 해도 그렇다. 맹그로브 숲은 바닷물과 민물이 만나는 수중에 뿌리를 내리고 자라는 맹그로브로 이루어졌다. 해변이나 하구의 물 아래로 깊게 내린 뿌리 위로 우뚝 솟은 맹그로브 나무들은 태평양과 날이 갈수록 잦아지는 홍수와 폭풍으로부터 남미와 적도 아프리카의 주민들을 보호한다. 그뿐 아니라 해안 지역 주민들의 주식인 물고기에게 먹이와 은신처를 제공하여 생태계 균형이 무너지지 않게 돕는다. 이런 맹그로브 숲이 사라지는 것은 산소가 사라지는 것이나 마찬가지다.

빙하의 해빙 역시 수많은 동식물의 서식지를 위험에 빠뜨리고 있다. 그중에서 가장 대표적인 동물이 바로 북극곰이다. 북극의 빙하가 녹는 바람에 북극곰들은 안전한 빙하를 찾아 무리해서 먼 거리를 헤엄쳐야 하고 새끼에게 먹일 먹이를 찾는 데도 어려움을 겪고 있다. 북극곰만 위험에 처한 것이 아니다. 대서양의 해면 상승으로 산호초의 세포 조직에 사는 조류가 떠나면서 결국 산호도 죽게 되는, 이른바 '산호 백화coral bleaching' 현상이 나타나고 있다. 철새의 이동과 같은 계절에 따른 동물의 습성도 기류의 온도 변화와 강우 변화에 영향을 받는다.

생물 다양성을 보호하기 위해서는 생물에 대한 연구가 필요하다. 잘 알지도 못하는 대상을 어떻게 보호할 수 있겠는가. 다행히도 이러한 연구는 호주나 뉴질랜드처럼 생물 다양성을 국가 부가 가치로 생각하는 나라들 덕분에 활발하게 진행되고 있다. 특히 이 두 나라는 자국의 모든 생물종을 표기한 지도를 만드는 수백만 달러 규모의 공동 연구를 진행하고 있다. 여기에는 이미 발견한 생물종뿐만 아니라 새로운 종을 파악하는 작업도 포함된다. 애튼버러 경의 바람대로 아는 것이 많을수록 우리가 살고 있는 이 새로운 시대를 더 잘 이해하고 더욱 현명하게 헤쳐 나갈 수 있을 것이다.

13장

지속 가능한 농업, 축산업, 어업

낭비를 줄이고, 생산을 늘리고,
땅을 보호해서 먹거리 문제를 해결하자

2050년에는 세계 인구가 93억 명에 육박할 것이라고 추정된다. 지금보다 무려 20억 명이나 늘어난 수치다. 과학자들은 93억 명의 인구가 굶주리지 않으려면 효율성과 생태계 보호 측면에서 세계 농업 구조를 완전히 재편해야 한다고 말한다. 기아 문제를 해결하려면 개발 도상국의 식량 생산량을 2배로 늘려야 하고 세계적으로는 총생산량을 60퍼센트 증산해야 한다.

유엔 식량농업기구FAO, Food and Agriculture Organization에 따르면 지구에서 생산되는 식량은 하루 평균 2,370만 톤이다. 이 중에서 1,950만 톤은 곡식, 뿌리 작물, 덩이줄기 작물, 과일, 채소이며 110만 톤은 육류다. 우유는 21억 리터 생산된다. 바다와 양식장에서 잡아들이는 물고기는 매일 40만 톤에 달하고 목재를 얻기 위해 하루에 950만 세제곱미터 면적에 해당하는 나무가 베어져 나간다. 하루 최소 7조 4,000억 리터의 물이 농사를 짓기 위한 관개수로 사용되며, 30만 톤의 비료가 뿌려진다. FAO에 따르면 하루 평균 생산되는 농식품의 가치를 환산한 금액은 70억 달러에 이르며 전 세계 인구의 3분의 1이 이 부문에 종사하고 있다.

놀라운 수치지만 그뿐만이 아니다. 농업, 축산업, 어업은 농촌이나 작은 어촌의 지역 공동체를 유지하고 지역 문화를 풍성하게 하는 데 핵심적인 역할을 한다. 오래전부터 내려오는 전통 설화들은 대부분 가뭄과 기아, 홍수와 폭풍의 영향을 받았다. 이러한 이야기들의 서사적 매력은 영웅적 인물이 마을 사람들이나 선원들을 멸망의 위험에서 구하는 과정을 묘사하는 데 있다. 식량 생산과 이야기 창작은 둘 다 인간의 유전자에 새겨진 타고난 능력이다.

어떻게 해야 식량 생산량을 2배로 늘이면서 탄소 배출량은 감축할 수 있을까? 그러기 위해서는 식습관을 바꾸는 것도 중요하지만, 그 이전에 음식물 쓰레기를 줄이고 음식을 생산하는 과정에서 환경에 끼치는 영향을 최소화할 수 있는 기술을 개발해야 한다. 예를 들어 바람과 습도와 태양 빛과 같이 시시각각 변하는 변수들을 고려해서 경작에 필요한 관개수로 활용할 물의 양을 정밀하게 계산하면 물 소비를 줄일 수 있다. 미국에서는 이미 농업과 관련된 드론 애플리케이션의 특허를 신청하는 건수가 꾸준히 증가하는 추세다. 이러한 애플리케이션은 드론을 이용해서 농장이나 목장을 지속적으로 모니터링하고, 수집한 정보를 분석해 보다 정밀한 생산 시스템을 구축하는 데 필요한 데이터를 제공함으로써 식수와 에너지 소비를 줄인다.

유엔의 '지속 가능한 발전' 계획은 여기에서 한발 더 나아간다. 2030년까지 개발 도상국의 식량 부족 문제를 해결하기 위해 '탄력적 경작resilient cultivation' 시스템을 구축하기를 종용하고 있다. '탄력적 경작'이란 농업이나 축산업의 효율성, 즉 한정된 땅에서 생산성을 높이는 데만 신경을 쓰는 것이 아니라 기존의 생태계를 손상시키지 않기 위해 노력함으로써 해당 지역의 탄력성, 즉 기후 변화의 영향에 저항하거나 적응할 수 있는 능력을 높이는 경작 방식을 말한다. 이렇듯 지속 가능한 농업은 기아 문제 해결과 환경 보호를 위한 투쟁의 핵심 무기다.

FAO는 지난 수년간 지속 가능한 농업, 축산업, 어업을 실현하기 위해 다양한 프로젝트를 추진해 왔다. 최근 발간된 FAO 보고서에 따르면 이제는 전 세계 사람들이 국가와 분야를 초월해서 상호적인 '지속 가능성'을 실현하기 위해 통합적인 접근 태도를 취해야 할 때이다. 이는 한 가지 농작물을 재배하기 위해서 특정 지역의 생태계를 완전히 파괴하는 현상을 막기 위한 국제법을 만들어야 한다는 뜻이다. 대표적인 예로 야자유 생산으로 반복적으로 파괴되는 인도네시아의 산림이 있다. 어업도 마찬가지다. 지중해에서처럼 물고기가 자연 번식할 수 있는 환경을 조성해야 한다. 그리고 작은 어촌들이 전통적인 어업과 소규모 상업 행위를 통해 생계를 유지할 수 있게 해야 한다.

무엇보다도 땅과 바다를 보호하고 오염을 방지하고 숲과 산림이 사라지지 않도록 유지하는 일을 법으로 강요하는 데 그치지 않고, 전 세계 모든 사람이 안전하고 비옥한 땅에서 살아가는 일에 관심을 갖게 만들어야 한다. 그러니까 개인이나 특정한 사람이 아니라 우리 모두에게 이로운 일이란 과연 무엇인지 고민해야 할 때가 온 것이다.

14장

지구를 치유하는 식단

포기하는 음식 없이, 과일과 채소와 콩 섭취 늘리기

소고기나 양고기 같은 붉은 고기를 생산하기 위해서는 식물성 단백질을 공급하는 작물을 경작할 때보다 평균적으로 20배 이상의 탄소가 배출되고, 그만큼의 면적에 해당하는 토지가 소요된다. 따라서 붉은 고기의 생산을 대폭 감축하는 일이 얼마나 중요한지는 굳이 반복할 필요가 없을 것이다. IPCC는 지구의 평균 온도 상승 폭을 1.5도 이내로 제한하려면 식단에 대한 새로운 개념을 정립하고 농업과 축산업의 혁신적인 변화가 필요하다는 점을 강조한 바 있다. 현재 축산업에 따른 벌채가 빠른 속도로 진행되고 있는데, 이러한 현상을 막기 위해서라도 소나 양처럼 되새김질을 하는 동물에게서 얻는 붉은 고기의 소비량을 줄여야 한다. 산림을 보호해야 대기 중에 남아 있는 이산화 탄소를 흡수하기 때문이다. 우리는 지금 당장 일말의 망설임도 없이 생산 과정에서 이산화 탄소 배출을 증가시키는 식품의 소비를 줄이고, 건강하고 지속 가능한 식단을 따라야 한다. 최근 들어 각종 언론 매체를 통해 제철 음식과 지역 특산품의 소비를 늘려서 이산화 탄소 배출량을 줄이자는 캠페인이 늘고 있다. IPCC의 주장은 이러한 캠페인이 내세우는 메시지와도 일치한다. 굳이 11월에 딸기를 먹거나 북경에서 호주산 우유를 수입해 마시느라 이산화 탄소 배출량을 늘리지 말자는 것이다.

그나마 다행인 것은 지구를 살리기 위해 우리가 포기해야 할 음식이 하나도 없다는 사실이다(물론 당신이 샥스핀 스프에 열광한다면 이야기가 달라지겠지만). 영국의 의학 학술지인 〈란셋The Lancet〉은 최근 다수의 인구가 함께 지킨다고 했을 때 기후 변화를 억제하고 지속 가능한 발전에 도움을 주는 식단을 발표했다. 37명의 연구진으로 이루어진 이트-랜싯위원회The EAT-Lancet Commission on Food, Planet, Health는 이러한 식단을 '지구 건강 식단planetary health diet'이라고 부르기로 했다. 연구진은 '지구 건강 식단'을 지키면 1년에 1,160만 명의 생명을 구할 수 있고 파리 협정의 목표를 달성하는 데 도움이 된다고 전했다. 이 식단의 핵심은 당과 붉은 고기 섭취를 최대한 줄이고 과일, 채소, 콩류, 씨앗, 견과류 섭취를 2배로 늘리는 데 있다.

'지구 건강 식단'은 하루 2,500칼로리 섭취를 기준으로 모든 음식을 골고루 섭취해서 인간이 보편적으로 필요로 하는 영양소를 충족할 수 있게끔 구성되었다. 이 식단의 기본적인 원칙은 적어도 접시의 절반을 잎이 많은 녹색 채소를 포함한 채소와 과일로 채우는 것이다. 단백질은 콩과 같은 식물성 단백질로도 섭취가 가능하며 콩 외에도 견과류나 씨앗으로도 충당할 수 있다. 그렇다고 해서 동물성 단백질을 완전히 끊을 필요는 없다. 유제품과 달걀 그리고 소량의 고기를 섭취하면 된다.

'지구 건강 식단'이 권장하는 일일 식단은 다음과 같다. 최소 500그램의 채소와 과일(채소 300그램과 과일 200그램의 비율로), 유제품 250그램(모짜렐라 치즈 한 개나 우유 한 컵), 통곡물 230그램(쌀, 통밀 외 기타 곡류), 콩류 75그램, 식물성 기름 50그램(이왕이면 올리브유), 견과류 50그램, 물론 붉은 고기도 적당량(100그램) 섭취한다면 일주일에 한 번 정도 식단에 넣어도 된다. 생선(200그램)과 닭고기(200그램)와 달걀 두 알 정도도 괜찮다. 이미 어느 정도 균형 잡힌 식단을 따르고 있는 독자라면 이 식단이 영양학적으로도 완벽한 조합이라는 사실을 눈치챘을 것이다.

출처: 이트-랜싯위원회

15장

도시의 삶

대도시에서 친환경적으로 사는 법

대부분의 사람들, 그러니까 세계 인구의 80퍼센트 이상은 도시에서 살고 있다. 따라서 도시에서의 삶을 지속 가능하게 만드는 것은 지구의 미래를 생각할 때 중요한 도전 과제다. 다행스러운 사실은 우리가 할 수 있는 일이 아주 많다는 것이다.

믿기 힘들겠지만 시골보다 도시에서 더 친환경적이고 지속 가능한 생활을 할 수 있다. 물론 이론상으로 그렇다는 이야기다. 도시에서는 모두 가까운 거리에 살기 때문에 마음만 먹으면 에너지를 효율적으로 사용해서 탄소 배출량을 감축할 수 있다. 방법이 뭐냐고? 간단하다. 걷거나 자전거를 타거나 이산화 탄소를 배출하지 않는 교통 수단을 이용해서 이동하는 것이다. 이렇게 하면 개인이 배출하는 이산화 탄소량을 현저하게 줄일 수 있다. 쓰레기 분리수거 원칙을 잘 지켜서 폐기물을 재활용하거나, 대도시에서 흔히 볼 수 있는 에너지 발전소로 보내 폐기물 에너지로 변환하기만 해도 대기와 수질 오염을 줄일 수 있다.

수많은 상점과 대형 마트가 있지만, 그중에서도 포장지를 사용하지 않고 또 운송 거리가 멀지 않은 인근 지역에서 생산한 상품들을 소비하는 제로 마일zero mile 원칙에 따라 물건을 판매하는 가게를 이용하는 것도 환경 보호를 위해 노력하는 유통업자들에게 합당한 보상을 건넬 수 있는 방법이다. 하지만 이렇듯 다양한 서비스를 제공하는 도심과 멀리 떨어진 곳에 산다면 집에서 가장 가까운 상점을 이용하는 것에 만족하거나, 혹은 내 필요에 더 맞는 상점을 찾아 차를 몰아야 할 것이다. 개인

교통 수단에 에너지를 낭비할 수밖에 없는 것이다.

도시는 '탄소 배출 제로화'라는 목표를 달성할 수 있는 잠재력을 지닌 환경 문제의 개척지다. 전문가들은 이미 수십 년 전에 이러한 사실을 깨달았으며 대학을 중심으로 친환경적이고 똑똑한 '스마트 시티smart city'를 만들기 위해 건축, 공학, 화학, 디자인 등 다양한 분야를 융합하는 연구를 주도해 왔다. 대표적인 예가 미국 매사추세츠공과대학교MIT의 센서블 시티 랩Senseable City Lab이다. 이탈리아 출신 건축가 카를로 라띠Carlo Ratti 소장이 이끄는 센서블 시티 랩은 도시와 관련된 여러 가지 연구를 진행하는데, 그중에는 휴대전화 데이터를 이용해서 도시 생활의 역학을 파악하는 프로젝트도 있다. 예를 들면 연구에 참여한 사용자들의 휴대전화 데이터를 교차 참조해서 시민들의 동선과 그들이 사용한 교통 수단, 이동 시간대와 자주 방문하는 장소 등에 대한 정보를 수집·분석하고 재구성해 보다 효율적인 교통 시스템을 만드는 데 활용하는 것이다.

마찬가지로 휴대전화로 다리나 기타 공공시설의 보수 상태를 확인할 수도 있다. 예컨대 다리를 지날 때마다 감지되는 진동 주파수를 수집해서 자동으로 전송해 다리의 안전 상태를 확인하는 식이다(진동 주파수는 다리의 안전 여부 판단을 위한 중요한 척도다). 이런 시스템을 활용하면 비용을 거의 들이지 않으면서 주요 시설물의 상태를 확인해서 안전성을 높일 수 있을 뿐 아니라 에너지 면에서 효율적으로 기후 변화에 대한 도시의 탄력성을 높일 수 있다.

환경적인 측면에서 도시의 '지속 가능성'을 높일 수 있는 방법은 많다. 우선 청정 재생 에너지 사용을 늘려야 한다. 태양열 에너지와 풍력 에너지와 수력 에너지를 통해 에너지 효율을 높여 궁극적으로는 화석 연료 사용을 중단해야 한다. 전 세계 170개 도시의 에너지 효율성 정보를 수집해서 분석하는 국제기구 탄소공개 프로젝트Carbon Disclosure Project에 따르면 이탈리아 볼차노와 오리스타노와 같은 도시들은 이미 화석 연료 사용을 중단했다. 화석 연료 사용을 완전히 중단하지는 못했더라도 전체 에너지 소비량의 70퍼센트 이상을 재생 에너지원을 이용해서 생산하는 도시도 100곳이나 된다. 이 정도 성과를 거두는 데는 '스마트 빌딩smart building'의 기여가 컸다. 스마트 빌딩은 첨단 기술을 활용해서 에너지 효율성을 높이고 환경친화적으로 지은 건물이다. 스마트 빌딩은 대중교통을 비롯한 도시의 여러 가지 여건을 최대한 고려해서 설계한다. 또 직장인들의 재택근무를 장려하기 위해 반드시 최신 인터넷망을 설치한다.

환경 문제에 특별히 민감한 도시들은 생태 네트워크• 강화를 위해

• ecological network. 생물 다양성을 증진시키고 생태계 기능의 연속성을 위하여 생태적으로 중요한 지역 또는 생태적 기능의 유지가 필요한 지역을 연결하는 생태적 서식 공간을 말한다.

힘쓴다. 이러한 도시들은 수로 주변이나 도심에 나무를 심고 자연 친화적인 환경을 조성해서 도시 면적의 최소 20퍼센트를 녹지로 유지하기 위해 꾸준히 노력하고 있다. 20퍼센트의 녹지는 시멘트와 아스팔트로 뒤덮인 도심의 온도 상승 현상을 완화할 수 있는 마지노선이다. 예컨대 런던은 생태 네트워크와 생물 다양성을 보존하기 위해 오랜 시간 꾸준히 힘써 왔고 그 결과 2019년 7월, 최초의 국가공원도시National Park City로 선정되었다.

이 외에도 공유지나 사유지를 농지로 활용해서 도심에서 소규모 농업을 할 수 있는 환경을 조성하는 것도 중요하다. 땅이 없더라도 물로만 농사를 지을 수 있는 수경 농업도 있다. 이러한 시스템이 정착하면 거주하는 지역에서 생산한 농작물로 자급자족하게 되고, 이에 따라 운송 과정에서 배출되는 이산화 탄소를 줄이는 제로 마일 원칙에 부합하는 농작물을 생산할 수 있다.

교통도 그에 못지않게 중요하다. 무엇보다 대중교통 수단을 중심으로 교통망을 설계하면서 인도와 자전거 도로를 늘려야 한다. 다양한 서비스를 쉽게 이용할 수 있는 사무실 밀집 지역을 도시 전체에 분포시켜서 집과 직장 간 거리를 최소화해야 한다. 재택근무를 하는 것도 좋은 방법이다. 오스트리아에서 브라질까지 수많은 국가의 도시들은 이미 이러한 방향으로 나아가고 있으며 각 도시의 경험과 성과를 공유하기 위한 사이트를 구축하고 있다. 가장 대표적인 사례는 유럽 연합 집행 위원회European Commission와 유럽 환경청이 함께 만든 '클라이미트 어댑트Climate-Adapt'다.

16장

미래를 위한 열쇠

보다 나은 세상을 만들기 위한 연구와 아이디어

1979년 7월 1일 소니 씨는 헤드폰을 통해서 카세트테이프에서 나는 소리를 재생하는 조그마한 상자를 시장에 선보인다(물론 그에게는 이부카 마사로라는 본명이 있다). 당시만 해도 워크맨이 음악 듣는 방식을 바꾸는 것을 넘어서 수많은 젊은이의 삶을 송두리째 바꾸어 놓으리라고는 아무도 생각하지 못했을 것이다. 발명의 힘은 이토록 크다. 어쩌면 일본이라는 국가가 가진 힘일 수도 있다. 최근 재생 에너지와 관련해서 가장 흥미로운 목표를 제시한 나라가 다름 아닌 일본이라는 사실도 결코 우연이 아니다. 일본은 2020년 도쿄 올림픽에 필요한 전력을 수소 에너지로 공급할 계획이다. 이 계획이 성공하면 도쿄 올림픽은 수소 에너지로 전력 100퍼센트를 공급한 최초의 올림픽으로 기록될 것이다.

일본 자동차 업계가 수소 연료와 관련된 연구를 활발히 진행한 덕분에, 일본에서는 이미 수소차가 일부 대중교통 수단으로 사용되고 있다. 하지만 일본은 수소 에너지를 수소차 연료로만 이용하는 데 그치지 않고 한 단계 더 나아가 전력 공급 등의 다양한 용도로 활용하고 있다. 후쿠시마의 악몽에서 벗어나기 위해 보다 안전하고 친환경적인 대체 에너지를 찾는 데 노력을 기울인 결과다. 그럼에도 일본조차 아직은 수소 에너지 생산 초기 단계에 메테인과 같은 유해 물질을 이용하고 있다. 하지만 머지않아 수전해 기술(물 전기 분해)을 이용해서 유해 물질을 전혀 배출하지 않고도 수소와 산소를 분리할 수 있게 될 것이다. 아직 개선해야 할 부분이 많지만 과학자들은 곧 경제적이고 친환경적인 기술이 개발될 것이라고 전망한다.

지구의 미래에 도움이 되는 아이디어가 언제나 대규모 정부 투자나 민간 투자의 결과물인 것만은 아니다. 세계 여러 나라의 중소기업이나 젊은이들의 이야기에도 귀 기울일 필요가 있다. 이들은 때로는 놀랍도록 독창적인 해결책을 제시한다. 가령 멕시코의 스물한 살 청년 스콧 뭉기아Scott Munguia는 멕시코 최대 수출품 중 하나인 아보카도의 씨앗을 재활용해서 완벽하게 친환경적인 플라스틱을 만드는 데 성공했다.

폐기된 컨테이너를 식물 농장으로 둔갑시킨 보스턴의 스타트업 프라이트 팜스Freight Farms도 있다. 수경 재배를 이용해서 작물을 재배하는 식물 농장을 정원에 설치해서 열두 달 내내 텃밭처럼 사용한다는 아이디어다. 이를 통해 한 가족이 먹을 과일과 채소를 생산하고 운송하는 데 필요한 만큼의 이산화 탄소 배출을 줄일 수 있다.

대학도 친환경 분야에서 혁신적인 아이디어의 인큐베이터다. 홍콩과학기술대학의 우주공학과 교수인 프란체스코 추치Francesco Ciucci는 이탈리아 라벤나 출신의 과학자다. 그는 현재 이탈리아를 포함한 다양한 국적의 대학원생들로 구성된 연구진과 함께 에너지 저장 부문의 최첨단 기술을 개발하고 있다. 추치 교수의 목적은 배터리가 환경에 미치는 악영향을 줄이는 것이다. 리튬, 납, 코발트, 전해액 등 우리가 매일 컴퓨터, 전화, 자동차를 작동시키기 위해 사용하는 배터리에는 수많은 유해 물질이 감춰져 있다.

에너지를 저장해서 비축해 두었다가 필요할 때 쓸 수 있게 만드는 기술은 나날이 더 중요해지고 있다. 재생 에너지만 잘 활용해도 적어도 특정 산업 분야에서만큼은 화석 에너지의 사용을 중단할 수 있다.

가령 전기차 사용이 보편화되면 내연 기관을 사용하는 기존의 자동차들은 폐기될 것이고 그 결과 이산화 탄소 배출량이 감소할 것이다. 하지만 그 전에 먼저 에너지를 수집하고 저장하는 기술을 보완해야 한다. 또 배터리가 환경에 미치는 영향도 생각해야 한다. 추치 교수의 연구소는 이러한 문제를 해결하고자 현재 전 세계 주요 민간 및 공공 연구 기관과 함께 운송 부문의 혁명적인 기술 개발에 힘쓰고 있는데, 바로 고체 배터리를 만드는 일이다.

세라믹 소재의 고체 배터리는 기존 배터리보다 작고 훨씬 더 친환경적이지만 무겁다는 단점이 있다. 하지만 향후 5년 안에 고체 배터리를 사용한 전기 자동차가 생산될 것이라는 전망이 나오고 있다. 현재 전기차는 최대 주행 거리가 400킬로미터인데, 고체 배터리를 사용하면 그 2배가 되리라는 예상이다. 물론 아직 갈 길은 멀다. 하지만 목표를 이루기 위한 열정은 충분하다.

NO
OIL

17장

#나의기후행동

변화를 위한 열 가지 소소한 실천 사항

인간은 사회적인 동물이다. 우리는 모두 행동으로 변화를 이끌어 낼 수 있다. 아무리 사소한 행동일지라도 말이다. 그냥 하는 말이 아니다. 이는 과학적으로 증명된 사실이다. 어떤 사람이나 집단이 올바른 일을 하면 다른 많은 사람들이 이들의 행동을 따른다는 것은 사회학적으로 증명된 사실이다.

미국의 어느 레스토랑에서 이런 일이 있었다. '미국인 3명 중 1명은 붉은 고기를 섭취하지 않는다'라는 제목의 기사가 실린 신문을 테이블에 올려 두었더니, 그날 붉은 고기 주문량이 30퍼센트나 감소했다는 것이다.

이런 예는 많다. 가령 어떤 지역에 태양광 패널을 설치하면 모방 현상이 일어나 그 지역의 태양광 패널 설치 비율이 평균치보다 훨씬 높아진다. 이러한 현상이 일어나는 것은 타인의 행동을 분석하고 그에 대한 비용과 혜택을 평가하는 우리 뇌의 기능 때문이다. '지속 가능한 행동'의 혜택이 비용에 비해서 크다고 판단하면 사람들은 대부분 그 행동을 모방한다. 육식을 줄이는 행위로 얻는 혜택이 비용보다 크다고 판단하면 스테이크를 포기하는 것이다.

여기에서는 변화를 이루기 위해 우리가 할 수 있는 소소한 (그렇지만 중요한!) 열 가지 실천 사항을 정리해 보았다. 만약 다른 제안 사항이 있다면 혼자 머릿속에만 간직하지 말고 글로 써서, 올리고, 공유해서 모두에게 알려 보자. '#나의기후행동'이라는 근사한 해시태그를 활용해서 지구의 기온을 낮춰 보자.

1. 생수 대신 수돗물을 마시고, 개인 물통 사용하기

페트병에 담긴 물은 보통 품질도 낮고 비용도 높습니다. 여기서 비용이 높다는 것은 소비자가 물을 구입하는 데 지불하는 비용뿐 아니라 이산화 탄소 배출에 따른 환경적인 비용도 포함됩니다. 게다가 먹고 버려지는 페트병의 양도 어마어마하죠. 생수 사용을 줄이려면 우선 우리가 살고 있는 지역의 수질을 식음이 가능한 수준으로 관리해야 합니다. 게다가 요즘은 설치가 간편하고 품질이 뛰어난 정수 필터를 시중에서 쉽고 저렴하게 구입할 수 있습니다. 필터를 사용하면 물에 있는 좋은 미네랄 성분은 그대로 보존하면서 염소 같은 불필요한 이물질을 완전히 제거할 수 있습니다. 우리가 할 일은 각자 가지고 다닐 만한 알루미늄이나 유리로 된 물병을 구입하는 것뿐입니다. 물론 평생 사용할 생각이라면 플라스틱 병도 괜찮습니다. 물병 하나만 있으면 더는 카페나 사무실이나 길거리에서 생수를 구입하지 않아도 됩니다.

2. 물 아껴 쓰기

샤워는 되도록 빠른 시간 내에 끝내고, 필요할 때만 수돗물을 틉시다. 또 바닥 청소를 할 때는 식초 같은 천연 세정제를 사용합시다. 천연 세정제는 살짝만 헹궈도 되기 때문에 물 낭비를 줄일 수 있는 데다 유해 물질을 남기지 않으니까요. 무엇보다 시중에서 파는 화학 세정제처럼 플라스틱 병에 담겨 판매되지 않는다는 장점도 있죠.

3. 고체 비누의 재발견

네모난 모양의 고체 비누를 기억하나요? 놀랍게도 아직 존재한답니다. 손을 씻거나 샤워를 할 때 굳이 플라스틱 병에 든 펌프형 액체 비누를 사용할 필요가 있을까요? 최근에는 플라스틱 쓰레기를 줄이기 위해 샴푸와 린스까지 고체형으로 만들고 있습니다. 인터넷에서 조금만 검색하면 고체 비누 제품이 수백 개나 나옵니다. 너무 많아서 고르기 힘들 정도죠.

4. 대나무에게 기회를

대나무는 가볍고 위생적인 데다 방수 기능도 있습니다. 그 덕분에 물에 닿는 용도를 지닌 여러 제품에 사용되곤 하죠. 칫솔, 머리빗, 식기, 접시, 깨지지 않는 어린이용 컵도 모두 대나무로 만들 수 있습니다.

5. 플라스틱 없는 피크닉 즐기기

2021년이면 퇴출될 예정이기는 하지만, 영원히 바다를 떠다니게 될 해양 쓰레기의 주범은 여전히 일회용 접시와 컵과 식기류입니다. 일회용품 사용을 줄이는 방법은 매우 간단합니다. 플라스틱 대신 양철이나 나무(이번에도 대나무가 대안이 될 수 있겠죠)로 만든 식기를 담을 바구니 하나만 마련하면 됩니다. 여러 명이 함께 소풍을 간다면, 자기 바구니는 자기가 챙깁시다.

6. 자가용 대신 걷거나 자전거를 타거나 대중교통을 이용하기

이산화 탄소와의 전쟁에서 콜럼버스의 달걀처럼 기존 관념을 전복시킬 만한 아이디어가 있습니다. 바로 차를 집에 두고 다니는 것이죠. 아직은 대도시에서만 실행 가능한 방법이기는 하지만 요즘은 전기차를 공유하는 제도도 발달해 있고 대중교통도 이용하기 쉽습니다. 주말에만 차를 빌려도 되고 자전거 전용 도로도 잘 닦여 있죠. 지금 사는 곳에서는 이런 대안을 선택할 수 없다고요? 그렇다면 우리에게도 이런 서비스를 제공해 달라고 당당하게 요구합시다.

7. 남은 음식물은 유리나 자기 그릇에 보관하기

할머니의 냉장고를 기억하나요? 할머니들은 전날 남은 음식을 접시로 덮어 놓곤 했죠. 지금도 그렇게 하면 됩니다. 비닐 랩이나 플라스틱 용기 따위는 잊어버리세요. 유리나 자기로 만든 용기는 한 번 쓰고 버릴 필요가 없습니다.

8. 조명도 적당히, 에어컨도 적당히

에너지 효율이 높은 전구를 사용하는 것도 좋지만 그 전에 불을 잘 끄는 것이 중요합니다. 여러분이 동시에 여러 곳에 나타날 수 있는 초능력의 소유자가 아니라면 방에서 나갈 때 반드시 불을 꺼야 합니다. 에어컨 사용도 마찬가지입니다. 정말 필요할 때만 사용합시다.

9. 나의 작은 텃밭

정원이나 발코니에 나만의 텃밭을 가꿔 봅시다. 수경 재배도 좋고 전통적인 방식도 좋습니다. 텃밭을 일구면 제로 마일 원칙에 따라 생산하는 작물의 양이 증가하고 도시의 녹지도 늘어납니다. 게다가 식물을 키우면 스트레스도 해소되죠.

10. 재활용 센터 방문하기

도시마다 쓰레기 처리 시설이 있습니다. 쓰레기 재활용이 어떻게 진행되는지 이해하는 것은 외계인의 언어를 해독하는 것보다 더 어려운 일이죠. 그러니 직접 쓰레기 처리장을 방문해 보는 것은 어떨까요? 궁금한 점을 해소하고 알아낸 정보를 이웃들과 공유해 봅시다. 모방의 법칙에는 예외가 없습니다.

18장

키워드와 유용한 사이트

기후 변화에 맞서기 위해 알아두면 좋은 키워드

국제 협력: 경제적·사회적·환경적으로 취약한 개발 도상국의 개발을 돕기 위한 국가 간 협력.

기후 변화: 최소 30년 또는 그 이상의 기간 동안 기후의 상태나 자연적인 변동의 평균이 변화하는 것을 말한다. 단, 극단적인 형태의 자연재해는 자연적인 변동에 포함되지 않는다.

산호 백화: 해양 온도 상승을 포함한 여러 가지 환경적인 요인으로 인해 산호초가 죽어서 하얗게 변하는 현상.

생물 다양성: 특정 지역에 서식하는 생물종의 다양성을 뜻하는 용어.

생물권: 지구상의 생물과 환경 모두를 지칭하는 용어.

생태계: 특정 지역에 서식하는 다양한 생물들의 상호 작용을 말한다. 생물 간 일어나는 상호 작용뿐 아니라 생물과 환경 사이에 일어나는 상호 작용도 포함하는 개념이다.

시민 사회: 한 국가를 구성하는 시민들 간에 형성된 사회, 문화, 경제적 관계의 총합.

온실 효과: 이산화 탄소와 수증기와 다른 가스들로 인해 태양열이 대기권 안으로 흡수되고 지구 복사열은 대기권 밖으로 배출되지 않아서 대기권 내 기온과 지열이 상승하는 현상.

재생 에너지: 태양 빛, 바람, 물, 지열을 이용해서 생산하는 에너지.

지구 온난화: 온실 효과로 인한 지구의 평균 기온 상승을 말한다. 온실 효과의 주요인은 이산화 탄소 배출이다.

탄력성: 국가나 지역이 자연재해 상황을 감당하고 저항할 수 있는 능력.

테드: 인터넷과 전 세계 강연회를 통해 새로운 아이디어와 의견을 전파하는 국제적인 강연 콘텐츠 플랫폼.

폐기물 관리: 생산부터 재활용까지 쓰레기 처리와 관련된 모든 과정.

화석 연료: 석유, 석탄, 천연가스와 같이 지하에 묻힌 유기체의 유해가 수백만 년에 걸쳐 화석화하여 만들어진 연료를 말한다. 화석 연료를 연소하면 에너지와 함께 이산화 탄소가 배출된다.

#미래를위한금요일: 2018년 말, 세계 270여 개국 학생들의 주도로 일어난 학생 운동을 말한다. 기후 변화의 영향에 대해 정부와 시민 사회의 관심을 환기하는 것을 목표로 하며 스웨덴 출신의 환경 운동가 그레타 툰베리의 선언을 계기로 탄생했다.

#기후를위한등교거부: 매주 금요일, 등교하는 대신 의회 앞에서 기후 변화를 막기 위해 실질적인 행동에 나서기를 촉구하는 시위를 벌이자고 주장하는 학생들의 파업을 말한다. 2018년 8월 20일 그레타 툰베리는 최초의 '#기후를위한등교거부'를 단행한다.

기후 변화에 대한 소식을 놓치고 싶지 않은 이들을 위한 사이트 모음

국내

기상청 기후정보포털: http://www.climate.go.kr

한국기후변화연구원: http://www.kric.re.kr

국립기상과학원: http://www.nimr.go.kr

국립환경과학원: http://www.nier.go.kr

환경운동연합: http://www.kfem.or.kr

기후변화센터: http://www.climatechangecenter.kr

국제

기후 변화에 관한 정부 간 협의체IPCC: http://www.ipcc.ch

세계기상기구WMO: http://www.wmo.int

참고문헌

〈지구 온난화 1.5도 특별 보고서Special Report: Global Warming of 1.5℃〉, 기후 변화에 관한 정부 간 협의체IPCC, 2018년 10월.

〈제5차 기후 변화 평가 보고서(AR5)The Fifth Assessment Report (AR5): Synthesis〉, 기후 변화에 관한 정부 간 협의체IPCC, 2014년 11월.

〈기후 변화의 복합성에 대한 이해와 대응Understanding and acting on the complexity of climate change〉, 한스 브루이닉스Hans Bruyninckx, 유럽 환경청EEA, 2018년 9월.

〈2018 유엔 지속 가능한 개발 목표 보고서The Sustainable Development Goals Report 2018〉, 뉴욕 유엔UN 본부, 2018년.

〈클리어 디 에어 포 칠드런Clear the Air for Children〉, 유니세프UNICEF, 2016년 10월.

〈식량과 농업의 미래: 동향과 도전 과제The Future of Food and Agriculture: Trends and challenges〉, 유엔식량농업기구FAO, 2017년.

〈지구 건강 식단The Planetary Diet〉, 이트-랜싯위원회EAT-Lancet Commission, 2019년 1월.

감사의 말

감수에 도움을 준 루치아 에스터 마루첼리 대표에게 감사의 인사를 드린다. 그는 나와 함께 깊이 있는 보도를 추구하는 홍콩의 언론사 〈마인드 더 갭Mind the Gap〉을 창간했다.

기후 문제와 관련해 과학 자문을 맡은 세르지오 카스텔라리 연구 위원에게 감사의 인사를 드린다. 그는 이탈리아 지진화산연구소INGV 소속 기후학자로 현재 덴마크 코펜하겐에 있는 유럽 환경청에 파견 근무 중이다. 주 연구 분야는 기후 변화 적응과 자연재해 위험 관리다.

지속 가능한 도시 부분의 감수를 맡은 안드레아 필파 교수에게 감사의 인사를 드린다. 그는 로마 트레 대학의 건축학과에서 도시 디자인을 가르치고 있으며 세계자연보호기금WWF의 이탈리아 연구자문위원이기도 하다.

이 외에도 발타자르 파가니, 마누엘라 쿠오기, 살파토레 잔넬라, 프란체스코 추치, 마리아파올라 파이올라와 알레산드로 루키니에게 감사의 인사를 드린다.

마지막으로 사랑하는 마시모, 아가타, 레오나르도에게 고마운 마음을 전한다.

우리는 모두 그레타
지구의 미래를 위해, 두려움에서 행동으로

1판 1쇄 펴냄 | 2019년 9월 23일
1판 5쇄 펴냄 | 2021년 9월 13일

지은이 | 발렌티나 잔넬라
그린이 | 마누엘라 마라찌
옮긴이 | 김지우
발행인 | 김병준
편　집 | 정혜지
마케팅 | 정현우
발행처 | 생각의힘

등록 | 2011. 10. 27. 제406-2011-000127호
주소 | 서울시 마포구 독막로6길 11, 우대빌딩 2, 3층
전화 | 02-6925-4183(편집), 02-6925-4188(영업)
팩스 | 02-6925-4182
전자우편 | tpbook1@tpbook.co.kr
홈페이지 | www.tpbook.co.kr

ISBN 979-11-85585-77-2 03450

이 도서의 국립중앙도서관 출판예정도서목록(CIP)은
서지정보유통지원시스템 홈페이지(http://seoji.nl.go.kr)와
국가자료종합목록시스템(http://kolis-net.nl.go.kr)에서
이용하실 수 있습니다.(CIP제어번호 : 2019035263)